SAP担当者として活躍するための

村上 均【著】
アレグス株式会社【監修】

FI/CO

Introduction to **FI**nancial accounting & **CO**ntrolling

入門

秀和システム

はじめに

　筆者は五十数年、IT業界にかかわってきましたが、その中で必要にせまられ、身に付けてきた会計に関する知識を改めて整理したのが、本書『SAP担当者として活躍するための FI/CO入門』です。

　ERPシステムの導入や再構築の場面では、否が応でも会計が関係してきます。しかし、一般的にエンジニアやプログラマ、ロジ系のコンサルタントなどの方々は普段、会計について学ぶ必要はほとんどありません。そのため、数量を中心に扱ってきたERPシステムに「会計」上の金額や勘定科目が加わってくると、その金額をどのように決めればよいのか、勘定科目は何を設定すべきかといった点などで、経理ユーザーとかみ合った議論ができないことが多いのではないでしょうか。

　そのようなときに、本書を使って簿記の基本から会計知識、会計基準、世の中のインフラの仕組みなどを知っておくことで、同じ土俵で会話ができるようになるはずです。

　また、SAP S/4HANAには、さまざまな業界・業種の会社のベストプラクティスと呼ばれる標準機能が用意されています。特に会計では、FI（財務会計）モジュール、CO（管理会計）モジュールが標準機能として提供されています。本書を通して、これらを正しく理解することで、エンジニアや情シスの方々などのステップアップにつながる一助となるでしょう。

　本書では、まず簿記の技術を学びます。そして儲けの計算方法や、作成が求められる書類の会計基準などの法律の概要を理解していただきます。次に財務会計や経理処理を効率的にこなすためのヒント、管理会計、税務

会計、社会保険の仕組み、よくご質問をいただくQ&A、わかりにくいSAP用語、知っていただきたい最近の動向などについて学べるようになっています。さらに、FIモジュールとCOモジュールを例に、使用するトランザクションコードなども記載いたしました。

　また、オペレーション方法やパラメータ設定方法など、本書に関係した動画もUdemyに有料の講座として公開していますので、合わせてご活用ください。

　読者の皆様が本書を読み終わった後、新しい仕事にチャレンジするきっかけになれば幸いです。

著者記す

目　次

第 **2** 章　会計関連の基準と主な法律の概要

第 3 章　FI（財務会計）

第④章　経理処理を効率的にこなすためのヒント

第5章 CO（管理会計）

第6章　税務会計

第 7 章　社会保険

第8章　会計についてのQ&A

第9章　SAPの用語を理解しておこう

第 1 章

会計の基礎知識

第1章では、SAP社のERPパッケージの利用を前提に、会計と簿記の基礎知識について学びます。特に簿記については、はじめて学ぶ方にもわかるように簿記の基本となる借方、貸方、会計取引、勘定といった用語の説明と、簿記の仕訳から帳簿・財務諸表の作成方法までの一巡の流れを身に付けていただきます。そのほか、SAP S/4HANAによる会計伝票入力、帳簿・帳票の作成例、経理の仕事などについても学びます。

1 会計

- 会計は、会社の財政状況や経営成績などのお金の流れを記録し、関係者に報告すること
- 関係者として、会社の経営者、株主、銀行、取引先、税務署などが該当する
- 会計分野には、財務会計、管理会計、税務会計の３つがある

会計とは

　会計は、会社などの事業の財政状況や経営成績などのお金の流れを記録し、関係者に報告することです。そして、会計の関係者には、会社の経営者、株主、取引先、銀行、税務署などが該当します（図1、図2）。

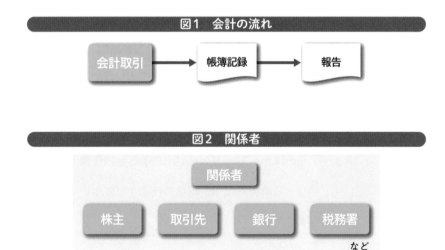

図1　会計の流れ

会計取引 → 帳簿記録 → 報告

図2　関係者

関係者

株主　　取引先　　銀行　　税務署

など

会計には、**財務会計**、**管理会計**、**税務会計**の３つの分野があります(図３)。

● 財務会計

株主、銀行、取引先などの外部の利害関係者に対する報告用の会計です。日本の会社では、日本の会計基準に基づいた会計処理が求められます。会計取引は、仕訳帳*や総勘定元帳*、様々な補助簿などに記録して管理します。

● 管理会計

経営者などの意思決定に役立てる会計です。会計基準などのルールはありません。

● 税務会計

消費税や法人税などの税金を正しく計算し、申告するための会計です。財務会計における収益や費用と認識が異なるケースがあります。

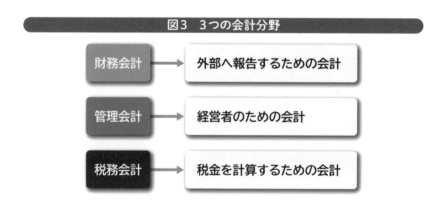

図３　３つの会計分野

財務会計 → 外部へ報告するための会計

管理会計 → 経営者のための会計

税務会計 → 税金を計算するための会計

---

* **仕訳帳**……英語では、Journal と言う。また、仕訳日記帳と呼ぶこともある。1-10節「各帳簿の作成方法」を参照。
* **総勘定元帳**……英語では、G/L（General Ledger）と言う。1-10節「各帳簿の作成方法」を参照。

2 SAPと会計

● SAP社は、会社の基幹業務を対象としたERPパッケージを提供している会社

● SAPのERPシステムは、リアルタイム経営の実現を目指している

● その実現のために会計の仕組みが必要

SAP社とは

SAP社は、1972年にドイツに設立された会社です。企業向けのソフトウェア・パッケージであるERPパッケージ*を開発し、SAP R/3やSAP S/4HANAで有名な会社です。

SAP社は、ERP市場で大きなシェアを持っていて、世界150カ国以上で事業を行っています。そのため、多言語、多通貨の機能が標準装備されています。ERPパッケージの提供のほか、様々なサービスを展開しています(図1)。

図1　SAP社とは

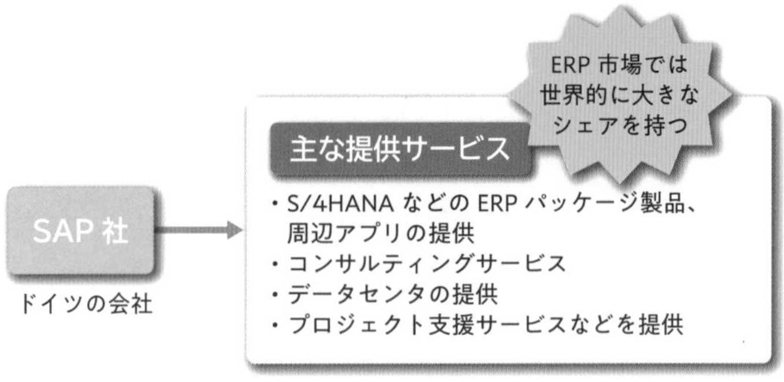

ERP市場では世界的に大きなシェアを持つ

SAP社 → 主な提供サービス
・S/4HANAなどのERPパッケージ製品、周辺アプリの提供
・コンサルティングサービス
・データセンタの提供
・プロジェクト支援サービスなどを提供

ドイツの会社

＊ERPパッケージ……会社の基幹業務処理に必要な標準プログラムを装備した一式のソフトウェアのこと。導入することで会社の経営資源の一元管理を目指す。

SAPの会計はリアルタイム経営を目指す

　SAP S/4HANA（以降、S/4HANAと略）というERPパッケージ製品では、会社の**基幹業務**と言われる、購買・在庫、生産、販売、人事、会計といった業務処理をパッケージ化して提供しています。

　そして、**リアルタイム経営**を実現するために、それぞれの業務処理から発生する**会計処理**を自動的に行う仕組みが使われています。SAPでは**FI（財務会計）**＊と**CO（管理会計）**＊がその中心となるモジュール＊となっています（図2）。

図2　SAP S/4HANAに用意されている会計系のモジュール

【対象とする会社の主な基幹業務の例】

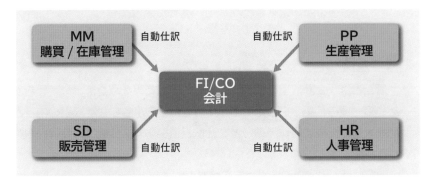

＊ **FI（財務会計）** ……FIは、Financial Accountingの略。第3章「FI（財務会計）」を参照。

＊ **CO（管理会計）** ……COは、COntrollingの略。第5章「CO（管理会計）」を参照。

＊ **モジュール** ……特定の業務に関連する複数の機能をまとめたプログラムの集まり。

3 簿記

- 簿記は、会計の根幹となる技術
- 「利益」の計算に必要
- 法人税等の「税金」の計算にも使われる
- 得意先や仕入先とのツケの代金の管理、銀行からの借り入れ管理にも使われる
- 株主への「配当」の計算のためにも必要

簿記とは

簿記とは、会計取引を帳簿に記録し、その結果を取りまとめて報告するための一連の仕組みのことです。そして、そのような会計取引の内容と金額を帳簿に記帳する作業のことを仕訳と言います。仕訳は、会計の根幹となる技術です。

簿記には、**単式簿記**と**複式簿記**があります。

● 単式簿記

片側*だけ記帳する方法です。

● 複式簿記

現代では、借方*の勘定科目*と貸方*の両方を記載する複式簿記が使われています。

＊**片側**……帳簿上の収入列や支出列のいずれか一か所に記帳する簿記のやり方。小さい会社で利用していることが多い。

＊**借方**……複式簿記の左側に書く勘定科目のこと。1-5 節「借方、貸方、仕訳」を参照。

＊**勘定科目**……使った費用や残っている資産などをわかりやすく分類するためのもの。総勘定元帳の転記先。1-7 節「勘定」、1-8 節「5 つの勘定グループ」を参照。

＊**貸方**……複式簿記の右側に書く勘定科目のこと。1-5 節「借方、貸方、仕訳」を参照。

本書では、複式簿記を前提に、簿記の仕組みを次節以降で詳しく説明していきます。

利益の計算に必要

会社は、儲かっているかどうかを知るために、**利益**が出ているのか・出ていないのかを見ながら経営しています。実は、この利益の計算に簿記が使われています。仕訳を記帳した会計帳簿から**財務諸表**[*]を作り、「収益 − 費用」の計算式で利益を算出します（図1）。

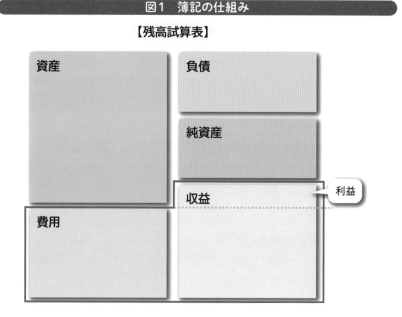

図1　簿記の仕組み

【残高試算表】

税金の計算にも使われる

会社は、毎事業年度、1年間の営業活動結果を集計して利益を計算します。この利益に対して税法上、**益金**[*]や**損金**[*]として認める・認めないというルールに基づいて求めた課税所得に税率をかけて、**法人税や法人住民税**、**事業税**などを計算するので、そのためにも簿記が必要になります。

＊ **財務諸表**……企業の業績や財政状況をまとめた資料で、どの会社も作成が義務づけられている。決算日における資産・負債・純資産、一定期間（事業年度）の収益・費用、利益などを財務諸表として作成する。
＊ **益金**……法人税を計算する時の収益。
＊ **損金**……法人税を計算する時の費用。

ツケの代金の管理のためにも必要

　製造業を営む会社では、商品を製造するために必要な原料や部品などを仕入先から仕入れます。また、卸売業などでも、販売するための商品を仕入先から仕入れます。この時、通常は**ツケ（代金後払い）**で仕入れるので、この代金を払った・払っていないという管理が必要になります。そのために簿記が使われています。

　また、商品を得意先に販売した場合も、その得意先からの支払いはツケが多く、商品の代金をもらった・もらっていないという管理が必要になります。このためにも簿記が使われています。

銀行からの借入管理のためにも必要

　銀行からの借入管理のためにも簿記が必要です。銀行からお金を借りている場合、当社＊側では**借入金**の残高、銀行側では**貸付金**の残高を管理しています。それぞれの残高は同じはずです。これをきちんと管理するために簿記を使っています。

　また、当社が持っている銀行の通帳の残高は、銀行側で預かっている残高と同じはずです。これも簿記を使って、それぞれ正確に管理しています。

配当の計算のためにも必要

　会社は、株主が資本金を出して作られていますが、儲かっている場合（利益が出た場合）、株主に対して配当を行います。その場合、利益の何％を配当するかを判断する材料が必要であり、株主への配当のためにも簿記が必要になります。

簿記は、コンピュータを使う時代

　簿記は長い間、手作業で行われてきました。電卓もなく、そろばんを使って集計・計算を行う時代もありました。やがて電卓が登場し、そろばんが電卓に置き換わっていきます。この手作業で行った場合は、記帳作業や転記作業に多くの時間がかかりました。また、転記ミスや計算ミスが発生し、そ

＊ **当社**……ここでは、お金を銀行から借りている会社のこと。

のミスの原因調査などにも多くの時間がかかりました。転記作業を省力するために、3枚複写＊の**伝票会計**という仕組みを使っていた時期もありました。

　日本で業務処理にコンピュータが使われ始めたのが、1970年代頃からです。伝票会計で使っていた会計伝票に、勘定科目をコード化＊してコンピュータに入力することで、仕訳帳や総勘定元帳、残高試算表、財務諸表などを自動的に作成できるようになります。それによって、手作業から解放され、飛躍的に会計の業務処理効率が向上しました。

　当初は、汎用コンピュータ＊やオフコン＊などを使用して、会計システムを自社で構築して運用していましたが、現在ではさらに進化し、クラウド＊による会計システムやERPパッケージなどを利用する形が多くなってきています。

　まさに簿記は、仕訳以外はすべてコンピュータがやってくれる時代になりました。そして、その仕訳も自動化されつつあり、今では手作業が少なくなってきています。

＊**3枚複写**……オリジナル1枚と複写2枚の合計3枚で構成された複写式の伝票のこと。仕訳帳用、総勘定元帳の借方用、貸方用の3枚が作られる。

＊**コード化**……コンピュータを使って会計仕訳を入力する場合、一般的に、勘定科目名に背番号としてコードを付番し、このコードを使用して入力するため、勘定科目をコード化する必要がある。

＊**汎用コンピュータ**……特定の処理対象を持たない大型コンピュータのこと。事務処理や科学技術計算など、多目的に使用された。

＊**オフコン**……オフィスコンピュータと呼ばれる、主に中小企業等での事務処理を行うために設計された、比較的小型のコンピュータのこと。

＊**クラウド**……インターネット上のデータを保存する場所を「雲」に見立てた言葉で、コンピュータネットワークを経由して、いつでもどこでも同じデータの利用や保存、処理、共有ができる利用形態のこと。

4 簿記の全体の仕組み

- 簿記は、仕訳→記帳→集計→利益計算→残高繰越の5つの工程から構成されている
- 手順は、仕訳(仕訳帳)→総勘定元帳→残高試算表→財務諸表の作成→残高繰越
- 毎年会計年度(1年間)ごとに決算を行い、利益を計算する

簿記の全体の仕組み

　簿記の技術を使って利益が計算できると説明してきましたが、その簿記の全体の仕組みはどのようになっているのでしょうか。

　簿記は、下記の5つの工程(手順)から構成されています(図1)。これらの作業を簿記の一巡の流れと呼び、毎年どの会社も行っています。

❶ 仕訳する

　1年間*の会計取引を、会計伝票や仕訳帳を使って仕訳します。

❷ 帳簿に記帳する

　仕訳した会計取引を総勘定元帳に勘定科目別に記帳します。

❸ 残高を集計する

　記帳した総勘定元帳に正しく記帳されていたかどうかを確認するために残高を集計し、残高試算表*を作成します。

❹ 利益を計算する

　正しく集計された残高試算表から利益を求め、財務諸表を作成します。

*1年間……期首月から期末月までのこと。3月決算の会社なら4月から翌年の3月まで。
*残高試算表……それぞれの総勘定元帳の勘定科目残高を集計して作成する。

5 残高を繰り越す

年1回、**決算**で利益を計算した後、総勘定元帳上の残高を次の年度へ残高繰越処理*を行います。つまり、1つ前の会計年度の残っていた残高を、次の会計年度の期首残高として繰り越します。

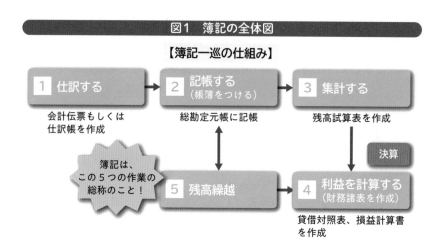

図1 簿記の全体図

【簿記一巡の仕組み】

簿記は、この5つの作業の総称のこと！

コラム 様々な言語、通貨も使える

会社は、様々な国々と取引を行っています。使用する言語も様々です。そのため、いろんな国にいる社員たちと一緒に仕事をしていくためには、それぞれの言語が使える仕組みが必要です。

また、世界の得意先や仕入先と取引する際には、円だけでなく、ユーロやドルなど様々な通貨が使用されています。これらの言葉や通貨に対応することを前提に会社の経営資源として、データベース上で管理していく必要があります。

---

* **残高繰越処理**……貸借対照表上の勘定科目別の残高を、次会計年度の総勘定元帳上の各勘定科目の期首残高として繰り越すこと。

5 借方、貸方、仕訳

● 借方、貸方に意味はなく、左側、右側と覚える

● 仕訳とは、左側と右側の勘定科目と金額を確定させること

借方、貸方という言葉に意味はない

簿記を学ぶ際に、まず**借方**、**貸方**という言葉の意味がわからず、つまずいた方も多いのではないでしょうか。

例えば、下記のような疑問がわいてきて、借方、貸方の謎が深まり、一所懸命に本やネットなどで調べた方もいらっしゃると思います。

- お金を借りたことを借方と言ったとしたら、なぜ借入金は貸方側に発生するのだろうか？
- お金を貸したのに、なぜ、貸付金は、借方に発生するのか？

でも、安心してください、この借方、貸方という言葉にそもそも意味はないのです。ですから、単なる記号だと思ってください。よく言われるのは、「借方を左、貸方を右という言葉に変えて覚えなさい」と言っている先生もいるくらいですので、この言葉に惑わされないようにしましょう。

なお英語では、借方をDebit(Dr.)、貸方をCredit(Cr.)と言います。

仕訳とは

次に、簿記を理解する上でつまずくのは、**仕訳**の考え方です。仕訳とは、借方(左側)、貸方(右側)の**勘定科目**と**金額**を確定させることを言います。

先ほど、この借方、貸方には特に意味はないので左、右と覚えましょうとお話ししました。また、借方をひらがなで「かり」と書くと「り」が左にはねているので左、貸方は「かし」で「し」が右に、はねているので右というように、ひらがなで借方・貸方を覚えている人もいます（図1）。

図1　左の借方（り）、右の貸方（し）

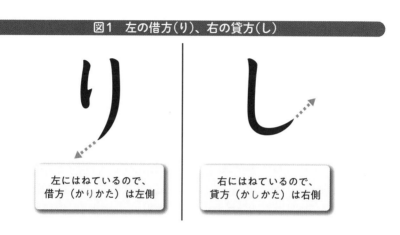

左にはねているので、
借方（かりかた）は左側

右にはねているので、
貸方（かしかた）は右側

　例題を見ながら、仕訳について説明していきます。商品を200円で販売（売上）し、代金を現金で受け取った場合の例になります。

　この仕訳を理解するために、こづかい帳を頭に思い浮かべてください。こづかい帳や家計簿をアプリなどでつけている方もいると思います。要は、現金・預金を中心に考えるとわかりやすいです。こづかい帳や家計簿を見ると、左側が**入金**、右側が**出金**となっているものが多いと思います。お金が入ってきた時は「入金」欄に、お金が出ていった時は「出金」欄に記入します。

　仕訳する際に、これを応用して考えることで、左右にどのような勘定科目が入るのかがわかるようになります。例では、商品を販売してお金が入ってきたので、左側（借方側）に現金、そして右側（貸方側）に売上と仕訳できます。

　この借方側、貸方側の両方に勘定科目と金額を書く方式が**複式簿記**です。現金や預金が左側・右側のどちらに入るかがわかれば、もう1つの科目は、反対側に書けばよいということになります（表1）。

表1 仕訳の仕組み（単位：円）

	借（かり）		貸（かし）		
	← 左側		右側 →		
日付	借方勘定科目	借方金額	貸方勘定科目	貸方金額	摘要
xx/xx/xx/	現金	200	売上	200	商品販売

仕訳とは、借方（左側）、貸方（右側）の勘定科目と金額を確定させること！

　表2の例では、こづかいをもらって現金が入ってきたので、入金欄（借方側）に500円を書きます。そして、その時点の残高は500円です。

　次にアイスクリームを買い、100円を払ったので出金欄（貸方側）に100円、そして「500円-100円」で、この時点で残高は、400円となります。さらに150円のノートを買い、150円を払ったので出金欄（貸方側）に150円、そして「400円-150円」の計算からこの時点の残高は250円となります。

　このように、借方、貸方の勘定科目を当てはめていけば仕訳ができます。

表2 こづかい帳の例（単位：円）

	借方	貸方		
日付	入金	出金	残高	摘要
xx/xx/xx/	500		500	おづかいをもらった
xx/xx/xx/		100	400	アイスクリーム代
xx/xx/xx/		150	250	ノート代

こづかい帳の左側（借方）が入金、右側（貸方）が出金

　また、後でもらう、つまりツケにする場合が売掛金*、すぐに払わずに後で支払う場合は、買掛金*と覚えておけば、現金・預金以外の仕訳も、結構、簡単に仕訳できるようになります。

　コンピュータで会計処理を行う今日では、この仕訳がすべてと言っても過言ではありません。なぜなら、仕訳を行い、それをコンピュータに入力することで、後続の会計処理をすべてコンピュータがやってくれるからです。

＊ **売掛金**……商品やサービスを売上げたものの、まだ未回収の状態にあるお金のこと。

＊ **買掛金**……商品やサービスを買ったものの、まだ支払っておらず、将来的に支払わなければならないお金のこと。会計処理上では負債になり、これもツケということになる。

6 会計取引

● 日付、勘定科目、金額がはっきりしている

日付、勘定科目、金額がはっきりしている

取引という言葉は、いろんな場面で使われています。例えば、モノを購入する際の契約や、販売する際の契約など、様々な場面で使われています。実は、会計取引とは、その一部ということになります。

会計取引として仕訳を行うためには、「いつ」「何のために」「いくら」という日付、勘定科目、取引金額が確定していなければなりません。1つでも決まっていない場合は、会計伝票として総勘定元帳に転記できません(図1)。

図1 会計取引となる条件

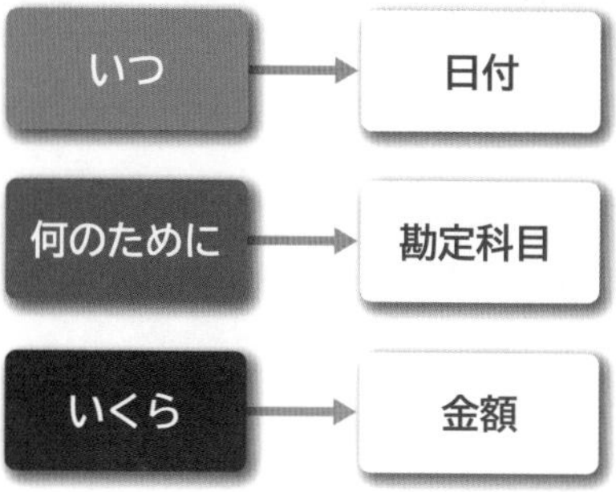

いつ	→	日付
何のために	→	勘定科目
いくら	→	金額

例えば、先ほどのモノを購入する際の契約や、販売する際の契約では、この3つが確定していないことが多いです。特に勘定科目は、この時点では不確かですし、実際にモノを引き渡して相手がきちんと受け取ったかどうかもこの時点では不確かで、日付も確定していないので会計取引とはなりま

せん。

　一般的には、このケースでの日付は、実際にモノの引き渡しが完了して、代金を請求した時になります。特に日付 * は、例えば「今年度の会計取引か、次年度の会計取引か」といった場面などで問題になることが少なくありません。

＊ **日付**……転記日付、総勘定元帳に転記した日付など。

7 勘定

● 勘定とは、勘定科目のこと

● 総勘定元帳への転記先

勘定とは、勘定科目のこと

勘定という言葉でつまずいている方もいらっしゃいます。簿記における勘定は、要するに勘定科目のことです。仕訳した結果の総勘定元帳への転記先になります。

勘定科目は、使った費用や残っている資産などをわかりやすく分類するために使います。例えば、現金や預金、借入金、資本金、売上、給与などがあります(図1)。

図1　勘定とは

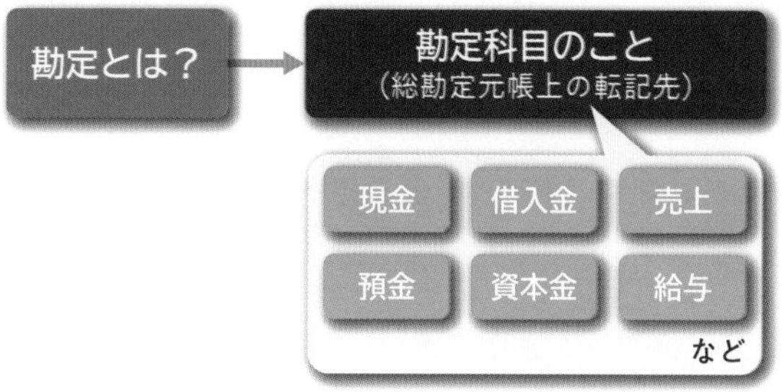

なお、SAPでは、この勘定を勘定科目コード*や、得意先コード、仕入先コード、固定資産番号などとして使う場合があります。

売掛金の場合は、売掛金の勘定科目コードを入力するのではなく、得意

---

* **コード**……コンピュータを使用する場合に、使用する勘定科目に背番号としてコードを付けること。このコードを使ってコンピュータに入力したり、コンピュータの中でデータを管理する。

先コードを入力します。

　また、買掛金の場合は買掛金の勘定科目コードを入力するのではなく、仕入先コードを、固定資産の場合は建物や機械装置という勘定科目コードを入力するのではなく、固定資産番号を入力する場合があります。

8 5つの勘定グループ

● 資産、負債、純資産、収益、費用の5つの勘定グループがある

● それぞれの勘定グループの配置位置を覚えておく

5つの勘定グループ

　勘定科目をグルーピングするものとして、**資産グループ**、**負債グループ**、**純資産グループ**＊、**収益グループ**、**費用グループ**の5つの勘定グループがあります(図1)。

● 資産グループ

　会社が持っているお金などが含まれます。

● 負債グループ

　借りているお金などが含まれます。

● 純資産グループ

　会社を作る時に株主が出資したお金などが含まれます。

● 収益グループ

　得意先などに販売した売上などが含まれます。

● 費用グループ

　原価や経費などが含まれます。

＊**純資産グループ**……昔は、資本グループと言っていたが、最近は、純資産グループと言う。

図1　5つの勘定グループと配置位置

資産グループ (持っているお金など)	負債グループ (借りているお金など)	
	純資産グループ (自社のお金など)	貸借対照表が 関係するグループ
費用グループ (原価・経費など)	収益グループ (売上など)	損益計算書が 関係するグループ

　それぞれの勘定グループの配置位置を覚えてください。実は、上の資産、負債、純資産の勘定グループは、財務諸表の1つの**貸借対照表**に関係する勘定グループです。

　また、下の費用、収益の勘定グループは、財務諸表の**損益計算書**に関係する勘定グループになります。それぞれの勘定グループの配置位置を覚えておくことで、後で財務諸表が理解しやすくなります。

それぞれの勘定グループの中の主な勘定科目

　次に資産、負債、純資産、収益、費用の各勘定グループの中の代表的な勘定科目を見ていきましょう。

　どの勘定グループにどのような勘定科目があるのかについては、最初からたくさん覚えられませんので、徐々に知識として増やしていくとよいと思います(図2)。

　例えば、5つの勘定グループには、それぞれに含まれる勘定科目があります。

● **資産グループ**

・現金……現金や小切手など

・預金……当座預金、普通預金、定期預金など(通帳が存在)

・売掛金、未収入金……ツケで販売、約束した将来の日にお金をもらえるもの。日本の会社では、営業目的で売った代金のツケを売掛金、そ

　れ以外を未収入金として分けることが多い

- 固定資産など……税法で一度に費用にしてはダメと言われているモノ

● 負債グループ

- 買掛金、未払金……ツケで仕入れ、約束した将来の日にお金を支払う
  もの。日本の会社では、営業目的で買った代金のツケを買掛金、それ
  以外を未払金として分けることが多い

- 借入金など……銀行などから借りたお金

● 純資産グループ

- 資本金……会社を作った時に、株主が出したお金

- 繰越利益(繰越利益剰余金)など……儲け(利益)を使わずに繰り越した
  金額

● 収益グループ

- 売上……製品や商品、サービスの販売代金

- 受取利息……預金の利息など

- 雑収入など……その他の収益など

● 費用グループ*

- 仕入……商品を仕入れた時の金額

- 給与……社員に支払った給料

- 旅費交通費……電車代など

- 消耗品費……コピー用紙、ファイル、筆記具など(たくさんあり)

- 雑費……その他の費用

- 支払利息など……銀行から借りたお金の利息など

＊ **費用グループ**……勘定科目名称の最後に「費」と付く勘定科目が多い。

図2　それぞれの勘定グループに含まれる主な勘定科目

資産グループ
・現金
・預金
・売掛金、未収金
・固定資産 など

負債グループ
・買掛金、未払金
・借入金

純資産グループ
・資本金
・繰越利益

費用グループ
・仕入
・給与
・旅費交通費
・消耗品費
・雑費
・支払利息

収益グループ
・売上
・受取利息
・雑収入

9 各勘定グループ間の会計取引の組み合わせ

● 各勘定グループ間の会計取引の組み合わせは9通り

● 利益に関係する会計取引と利益に関係しない会計取引がある

▌各勘定グループ間の会計取引の組み合わせ例

　勘定グループ間の会計取引の組み合わせを見ておきましょう。これが理解できると、会計取引の中には、儲け（利益）に関係するものと、関係しないものがあることがわかるようになります。

　下記の図1は、実は前節でも見てもらった勘定グループの図で、簿記一巡の仕組みでお話しした1-4節の図1の簿記の全体図の**3**で集計した**残高試算表**そのものになります。残高試算表上に集計した勘定科目をそれぞれの勘定グループに配置させたものになります。

　例えば、利益（儲け）に関係する会計取引ですが、下記のようなものがあります。

　　①資産と収益の仕訳
　　②資産と費用の仕訳
　　③費用と負債の仕訳
　　⑧純資産と収益の仕訳
　　⑨負債と収益の仕訳

　一方、利益に関係しない会計取引には、下記のものがあります。

④資産と負債の仕訳（貸借対照表内の取引）
⑤資産と純資産の仕訳（貸借対照表内の取引）
⑥負債と純資産の仕訳（貸借対照表内の取引）
⑦費用と収益の仕訳（損益計算書内の取引）

　また、それぞれの勘定グループ内の会計取引は、利益に関係しません。
　そして、この残高試算表の資産グループ、負債グループ、純資産グループは、財務諸表の**貸借対照表**そのものになっています。また、費用グループ、収益グループは、財務諸表の**損益計算書**そのものになっています。
　この図から資産グループ、負債グループ、純資産グループ、つまり貸借対照表に属する勘定科目と、費用グループ、収益グループ、つまり損益計算書に属する勘定科目間をまたぐ会計取引が利益（儲け）に関係していることがわかります。

図1　それぞれの勘定グループ間の会計取引の組み合わせ例

【構造は、残高試算表そのもの！】

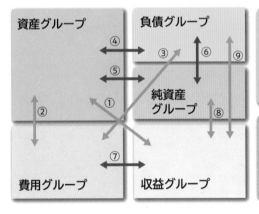

10 各帳簿の作成方法

● 帳簿として仕訳帳、総勘定元帳がある

● 残高試算表は、総勘定元帳の転記ミスなどをチェックするためのもの、かつ、財務諸表作成時の元にもなる

帳簿とは

　会計で言う帳簿とは、仕訳帳や総勘定元帳のことです。会計取引をすべて、仕訳帳に記帳するとともに、その仕訳帳から総勘定元帳へ転記して、勘定科目別に会計取引明細を管理します。

　また、小口現金や通帳上の会計取引を小口現金出納帳や預金出納帳に記帳して帳簿で管理する場合もあります。それ以外に、得意先別の補助簿として得意先補助元帳や、仕入先別の補助簿として仕入先補助元帳を作成して管理する場合があります。これらの帳簿の会計取引は、最終的に合計仕訳などで仕訳帳や総勘定元帳に記帳します。

　残高試算表は、帳簿ではありませんが、もともと手作業で総勘定元帳を作成していた時代には、総勘定元帳上の転記ミスなどをチェックするための役割を担っていました。しかし、コンピュータで総勘定元帳を作成するようになってからは、勘定科目の入り繰りや、現預金などの現物の残高とのチェック用として使われるようになりました。

　ここでは、仕訳帳と総勘定元帳、残高試算表の作成方法を見ていきましょう。

会計取引の例題

下記の例題をもとに仕訳を行い、仕訳帳を作成してみましょう(図1)。

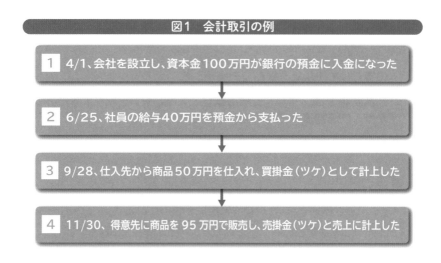

図1　会計取引の例

1　4/1、会社を設立し、資本金100万円が銀行の預金に入金になった

2　6/25、社員の給与40万円を預金から支払った

3　9/28、仕入先から商品50万円を仕入れ、買掛金(ツケ)として計上した

4　11/30、得意先に商品を95万円で販売し、売掛金(ツケ)と売上に計上した

仕訳帳の作成方法

図1の会計取引を仕訳すると、次ページの表1のようになります。

仕訳には、例えば、仕訳帳として帳簿に記帳するやり方と、領収書や請求書などから直接、S/4HANAなどの会計パッケージに会計伝票として入力し、その結果を仕訳帳(仕訳日記帳)としてコンピュータから出力するやり方があります。

ここでは例題の会計取引をもとに、**仕訳帳**として手作業で記帳した例を示します。なお、No.は適当に1001 〜 1004と手で付番したものです。

まず1の会計取引ですが、4月1日に会社を設立して、その資本金100万円が銀行の預金に入金になった会計取引です。預金に入金になったので、こづかい帳の考え方で行くと、左側(借方)が預金100万円、そして、その反対側(貸方)が資本金100万円となります。

　②ですが、6月25日に給与として40万円、預金から支払いました。こづかい帳の考え方で行くと、預金から出金したので右側（貸方）が預金40万円となります。そして、その反対の左側（借方）を給与とします。

　③では、9月28日に商品を仕入先から50万円で仕入れ、代金をツケ（買掛金）として計上しています。この仕入先への買掛金50万円は将来、現金や預金などで支払う必要があるので、右側（貸方）に計上します。ですので、その反対側の左側の借方を仕入とします。

　最後の④ですが、11月30日に95万円分の商品を得意先にツケ（売掛金）で販売しました。この得意先の売掛金95万円は将来的に現金や預金などで入金になるので、左側（借方）に売掛金とします。その反対側の右側（貸方）を売上95万円とします。

　これで「仕訳」ができました。なお、それぞれの仕訳1つ1つが会計伝票のイメージで、借方・貸方とも同じ金額を記入しています。実際には、複数行にまたがる少し複雑な仕訳もありますが、ここでは借方・借方が同じ金額、つまり1：1の仕訳の例で、対象の期間の借方合計金額が285万円、貸方合計金額が285万円で一致しています。

　この仕訳を理解できるようになったら、簿記の8割は理解できたと言ってよいでしょう。

表1 例題の会計取引をもとに作成した仕訳帳（単位：円）

	日付	No.	摘要	借方科目	借方金額	貸方科目	貸方金額
①	4/1	1001	会社設立、資本金受入れ	預金	1,000,000	資本金	1,000,000
②	6/25	1002	給与支払い	給与	400,000	預金	400,000
③	9/28	1003	商品を仕入	仕入	500,000	買掛金	500,000
④	11/30	1004	商品を販売	売掛金	950,000	売上	950,000
				合計	2,850,000	合計	2,850,000

1行ごとが1つの会計伝票のイメージ（借方・貸方に勘定科目と金額を記入）

　なお手作業の場合、仕訳帳は日々作成し、仕訳帳上の個々の仕訳を総勘定元帳に記帳していきます。

総勘定元帳の作成方法

　次に、**総勘定元帳**の作成方法を説明します（図2）。総勘定元帳は、すべての会計取引を記帳した帳簿で、どの会社も必ず備えておかなければならないものです。

　この総勘定元帳を作成する時の元ネタは、**仕訳帳**です。仕訳帳をもとに総勘定元帳に記帳していきます。手作業の場合は、機械的な作業になりますが、転記ミスや転記漏れ、金額の間違いなどのミスが発生するところでもあります。

　総勘定元帳は、勘定科目の数だけ用意しておきます。仕訳帳上のそれぞれの仕訳を1つ1つ記帳していきます。

1 借方の勘定科目の総勘定元帳に記入

　借方の勘定科目の総勘定元帳に、日付、摘要*、相手科目、借方金額欄に借方金額を記入します。相手科目には、貸方の勘定科目を記入します。

2 貸方の勘定科目の総勘定元帳に記入

　貸方の勘定科目の総勘定元帳に日付、摘要、相手科目、貸方金額欄に貸方金額を記入します。相手科目には、借方の勘定科目を記入します。

　なお、SAPでは、残高はすべての勘定科目とも「前残 ＋ **借方金額** － **貸方金額**」で計算します。

　日本の多くの会計パッケージは、負債グループ、純資産グループ、収益グループに属する勘定科目の場合、残高は「前残 ＋ **貸方金額** － **借方金額**」で計算するので、ここがちょっと異なります。

＊**摘要**……会計における取引の内容をわかりやすくするために記入する欄のこと。

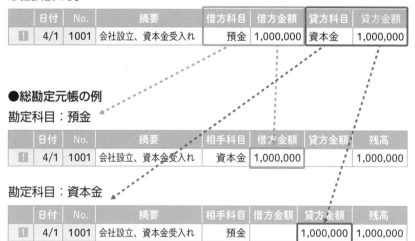

図2　総勘定元帳の作成方法

【仕訳帳の例をもとに作成】

1 借方の勘定科目の総勘定元帳に転記 → **2** 貸方の勘定科目の総勘定元帳に転記 → **3** 残高は、SAPでは、「前残 ＋ 借方金額 − 貸方金額」で計算

日付、摘要、借方金額欄に借方金額を記入

日付、摘要、貸方金額欄に貸方金額を記入

日本の多くの会計パッケージは、負債グループ、純資産グループ、収益勘定グループの場合、残高は「前残＋貸方金額−借方金額」で計算

　それでは、表1の仕訳帳から総勘定元帳に転記していきましょう(表2)。

　1番目の4月1日の会社を設立した時の仕訳ですが、借方が預金100万円、貸方が資本金100万円でした。

表2 仕訳帳から総勘定元帳への転記例(単位：円)

●仕訳帳の例

	日付	No.	摘要	借方科目	借方金額	貸方科目	貸方金額
1	4/1	1001	会社設立、資本金受入れ	預金	1,000,000	資本金	1,000,000

●総勘定元帳の例

勘定科目：預金

	日付	No.	摘要	相手科目	借方金額	貸方金額	残高
1	4/1	1001	会社設立、資本金受入れ	資本金	1,000,000		1,000,000

勘定科目：資本金

	日付	No.	摘要	相手科目	借方金額	貸方金額	残高
1	4/1	1001	会社設立、資本金受入れ	預金		1,000,000	1,000,000

　そのため、借方金額の100万円は、勘定科目が「預金」という総勘定元帳に、日付を「4月1日」、No.を「1001」、摘要を「会社設立、資本金受入れ」とし

て記帳します。一方、貸方金額の100万円は、勘定科目が「資本金」という総勘定元帳に記帳していきます。

　このような形で、総勘定元帳に仕訳帳の1つ1つ、1行ずつをそれぞれ記帳していきます。

総勘定元帳の残高の計算方法

　下の表3は、勘定科目が「預金」と「売掛金」の例です。

　「預金」の総勘定元帳は、2行の明細があります。これは、例題の仕訳帳の仕訳から来ており、③の残高は、先ほどの残高の計算式を使って計算すると、SAPでは「前残0万円 ＋ ①借方金額100万円 － ②貸方金額0万円」となるため、この時点では残高100万円ということになります。また、⑥の残高は、「③100万円 ＋ ④0万円 － ⑤40万円」で、60万円になっています。

　さらに、⑨の残高ですが、これも「前残0万円 ＋ ⑦貸方金額100万円 － ⑧借方金額40万円」で60万円となります。この例では、⑥と⑨の残高は同じになります。

　なお、売掛金の残高は、「借方金額95万円 － 貸方金額0万円」で計算した結果の95万円が表示されています。

表3 預金と売掛金の総勘定元帳の残高計算例（単位：円）

●総勘定元帳の例

勘定科目：預金

	日付	No.	摘要	相手科目	借方金額	貸方金額	残高
1	4/1	1001	会社設立、資本金受入れ	資本金	①1,000,000	②	③1,000,000
2	6/25	1002	給与支払い	給与	④	⑤400,000	⑥600,000
				合計	⑦1,000,000	⑧400,000	⑨600,000

勘定科目：売掛金

	日付	No.	摘要	相手科目	借方金額	貸方金額	残高
4	11/30	1004	商品の販売	売上	950,000		950,000
				合計	950,000	0	950,000

続いて、表4の勘定科目が「買掛金」の総勘定元帳を見てみましょう。

③の残高は、-50万円になっています。これは「前残0万円 ＋ ①借方金額0万円 － ②貸方金額50万円」なので、-50万円になっています。

さらに⑨の残高は、「前残0万円 ＋ ⑦借方金額の合計0万円 － ⑧貸方金額の合計50万円」で、-50万円です。

要するに、買掛金の残高は、先ほどの預金と同じ計算式なので、買掛金グループや純資産グループに所属する勘定科目の残高は、マイナス表示になることを覚えておいてください。こちらの資本金も同じようにマイナスになっています。

表4 買掛金と資本金の総勘定元帳上の残高計算例（単位：円）

●総勘定元帳の例

勘定科目：買掛金

	日付	No.	摘要	相手科目	借方金額	貸方金額	残高
③	9/28	1003	商品の仕入	仕入	①	②500,000	③-500,000
				合計	⑦ 0	⑧500,000	⑨-500,000

勘定科目：資本金

	日付	No.	摘要	相手科目	借方金額	貸方金額	残高
①	4/1	1001	会社設立、資本金受入れ	預金		1,000,000	-1,000,000
				合計	0	1,000,000	-1,000,000

表5の勘定科目が「売上」の総勘定元帳も同じように、「前残 ＋ 借方金額 － 貸方金額」で残高を計算します。⑨の残高は、「前残0万円 ＋ ⑦借方金額の合計0万円 － ⑧貸方金額の合計95万円」なので、-95万円と計算します。

「仕入」の総勘定元帳は、「前残0 ＋ 借方金額50万円 － 貸方金額0万円」なので、残高は50万円となります。

「給与」の総勘定元帳は、「前残0 ＋ 借方金額40万円 － 貸方金額0万円」なので、残高は40万円となります。

表5 売上、仕入れ、給与の総勘定元帳上の残高計算例（単位：円）

●総勘定元帳の例

勘定科目：売上

	日付	No.	摘要	相手科目	借方金額	貸方金額	残高
4	11/30	1004	商品を販売	売掛金		950,000	-950,000
				合計	⑦　　　　0	⑧950,000	⑨-950,000

勘定科目：仕入

	日付	No.	摘要	相手科目	借方金額	貸方金額	残高
3	9/28	1003	商品の仕入	買掛金	500,000		500,000
				合計	500,000	-	500,000

勘定科目：給与

	日付	No.	摘要	相手科目	借方金額	貸方金額	残高
2	6/25	1002	給与支払い	預金	400,000		400,000
				合計	400,000	-	400,000

　これで、表1の仕訳帳上の会計取引のNo.1001～1004の会計仕訳は、すべて総勘定元帳に転記されたことになります。

試算表の作成方法

　試算表には、総勘定元帳上の勘定科目別の借方・貸方の合計金額と残高を集計した**合計残高試算表**、それぞれの勘定科目別の残高を一覧表にした**残高試算表**があります。

　ここでは、残高試算表の作成方法を説明します（図3）。

■ 一覧表を作成

　総勘定元帳のそれぞれの残高を勘定科目別に一覧表として作成します。

■ 左側に残高を表示

　左側に、資産グループと費用グループに属する勘定科目の残高を表示します。

❸ 右側に残高を表示

右側に、負債グループ、純資産グループ、収益グループに属する勘定科目の残高を表示します。

試算表の左側の残高合計と右側の残高合計は一致するはずですが、もし一致しない場合は、総勘定元帳上の残高の計算、あるいは残高試算表の作成時の転記の間違いなどが存在するので、原因を調べて、必ず一致させます。

図3　残高試算表の作成方法

【総勘定元帳をもとに作成】

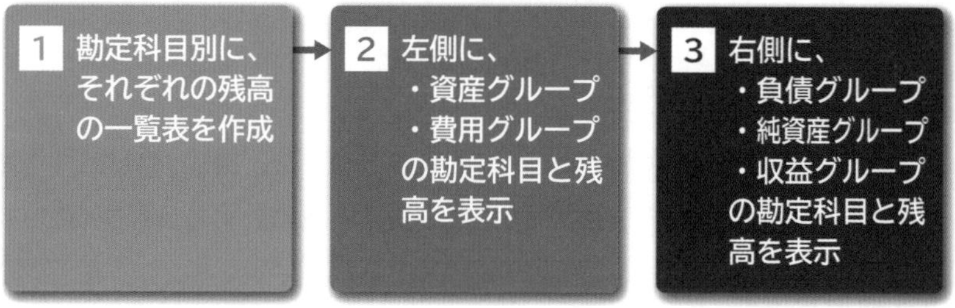

1 勘定科目別に、それぞれの残高の一覧表を作成	→	2 左側に、・資産グループ・費用グループの勘定科目と残高を表示	→	3 右側に、・負債グループ・純資産グループ・収益グループの勘定科目と残高を表示

例題の総勘定元帳から残高試算表を作成すると、SAPでは表6のような残高試算表*になります。右側の負債グループ、純資産グループ、収益グループに属する勘定科目の残高はマイナス残高となっています。この残高の符号を反転させると、左側の残高合計と一致します。

表6　例題の総勘定元帳から残高試算表を作成した例(単位：円)

勘定グループ	勘定科目	残高	勘定グループ	勘定科目	残高	
資産	預金	600,000	負債	買掛金	-500,000	⎫ 貸借対照表部分
	売掛金	950,000	純資産	資本金	-1,000,000	⎬
費用	仕入	500,000	収益	売上	-950,000	⎫ 損益計算書部分
	給与	400,000				⎬
	残高の合計	2,450,000		残高の合計	-2,450,000	

---

* **残高試算表**……左側の資産グループ、および右側の負債グループと純資産グループが貸借対照表、左側の費用グループおよび右側の収益グループが損益計算書を作成する場合の元ネタとなる。

11 財務諸表の作成方法

✎ワンポイント

● 財務諸表には貸借対照表や損益計算書、キャッシュフロー計算書などがある

● 貸借対照表の作成方法を知っておこう

● 損益計算書の作成方法を知っておこう

財務諸表の作成方法

企業の業績や財政状況をまとめた財務諸表には、**貸借対照表***や**損益計算書***、キャッシュフロー計算書、株主資本等変動計算書などがあります。

● 貸借対照表

会社の期末日時点などの財政状態を表します。

● 損益計算書

ある事業年度*の経営成績を表します。

● キャッシュフロー計算書

現預金の残高の増減理由を表します。

● 株主資本等変動計算書

純資産の部の中の資本金などの変動理由を表します。

なお、貸借対照表と損益計算書は、それぞれ会社の儲けである利益を計算するためのものでもあり、残高試算表の各勘定科目別の残高をもとに作成します。

本節では、貸借対照表と損益計算書の作成方法を説明します。

---

* **貸借対照表**……英語では、B/S（Balance Sheet）と言う。

* **損益計算書**……英語では、P/L（Profit & Loss Statement）と言う。

* **ある事業年度**……期首月から決算月までの期間。

貸借対照表の作成方法

貸借対照表は、その時点※の現預金や売掛金の残高、買掛金や借入金の残高、資本金関係の残高など、いわゆる**財政状態（ストック）**を表す財務諸表の1つです。

残高試算表の資産グループ、負債グループ、純資産グループに属する勘定科目の残高を使って作成します。左側に資産グループのそれぞれの勘定科目の残高、右側に負債グループと純資産グループの各勘定科目の残高を配置します（表1）。

この例は、負債グループ、純資産グループの各残高を「前残高 ＋ 貸方金額 － 借方金額」で残高を計算したものです。また、利益は、「資産グループの残高 －（負債グループ ＋ 純資産グループの残高）」で計算し、5万円となります。

表1 貸借対照表の例（単位：円）

資産グループ

勘定科目	残高	勘定科目	残高
預金	600,000	買掛金	500,000
売掛金	950,000	資本金	1,000,000
		【利益】	50,000
合計	1,550,000	合計	1,550,000

負債グループ
純資産グループ

損益計算書の作成方法

貸借対照表がある時点の財政状態を表しているのに対して、損益計算書は一定期間内において儲かっているかどうかという**経営成績（フロー）**を表す財務諸表です。

残高試算表の費用グループと収益グループに属する勘定科目の残高を使って作成します。左側に費用グループの各勘定科目の残高、右側に収益グループの勘定科目の残高を配置します（表2）。

この例は、収益グループの残高を「前残高 ＋ 貸方金額 － 借方金額」で計算したものです。また、利益は、「収益グループの残高 － 費用グループの残高」で計算し、5万円となります。なお、利益は、貸借対照表から計算し

※ **その時点**……例えば、期末日など。

ても損益計算書から計算しても5万円となっています。

表2 損益計算書の例（単位：円）

費用グループ

勘定科目	残高	勘定科目	残高
仕入	500,000	売上	950,000
給与	400,000		
【利益】	50,000		
合計	950,000	合計	950,000

収益グループ

12 簿記の公式

ワンポイント

- 簿記の5つの公式を覚える

簿記の5つの公式

まず、簿記の次の5つ（特に（A）（D）（E）の3つが重要）の公式を覚えましょう（図1）。

図1　簿記の5つの公式

（A） 仕訳の借方合計金額と貸方合計金額は、必ず一致する

（B） 残高は、「前月（前期）残高＋借方金額－貸方金額」で計算する

（C） 合計残高試算表の借方合計金額と貸方合計金額は、必ず一致し、かつ残高の縦計はゼロ

（D） 貸借対照表上の「資産－（負債 ＋ 純資産）」で利益を計算する

（E） 損益計算書上の「収益－費用」で利益を計算する
（D で求めた利益と E で求めた利益は同じになる）

（A）仕訳の借方合計金額と貸方合計金額は、必ず一致する

　複式簿記の原則として、会計伝票を仕訳した時、借方の合計金額と貸方の合計金額が一致していなければなりません。

　例えば、図2の例1は、商品を30万円で得意先にツケ（売掛金）で販売した例です。この例では、借方が売掛金30万円、貸方が売上30万円金額が一致しています。

　次の例2は、例1の販売代金30万円が得意先より手数料が差し引かれて28万円が入金になった例です。この例では、借方が預金28万円、手数料2万円、貸方が売掛金30万円で、借方・貸方の合計金額は30万円で一致しています。

　借方と貸方のそれぞれに勘定科目と金額を書くことで、金額の記入ミスを防ぐことができます。

図2　複式簿記の原則（単位：円）

例1 商品を30万円で得意先にツケ（売掛金）で販売した

| 貸方 | 売掛金 | 300,000/ | 貸方 | 売上 | 300,000 |

例2 例1の販売代金が、得意先から振込手数料2万円が差し引かれて28万円入金された

貸方	預金	280,000/	貸方	売掛金	300,000
	手数料	20,000			
	合計	300,000			300,000

借方と貸方のそれぞれに書くことで、金額の記入ミスを防ぐことができる

（B）残高は前月（前期）残高＋借方金額ー貸方金額で計算する

総勘定元帳のそれぞれの残高は、勘定科目別に月末日や期末日などに計算します。

この時のS/4HANAでの計算式は、どの勘定科目でも「前月（前期）残高 ＋ 借方金額 － 貸方金額」で計算します。それによって、買掛金などの右側に残高が残る勘定科目は、マイナス表示されます。

表1の勘定科目が「預金」の総勘定元帳は、「前残0 ＋ 借方金額100万円 － 貸方金額40万円 ＝ 60万円」で残高が計算されます。同様に売掛金は、「前残0 ＋ 借方金額95万円 － 貸方金額0 ＝ 95万円」が残高となります。

また買掛金ですが、こちらも「前残0 ＋ 借方金額0 － 貸方金額50万円」で計算し、結果が-50万円となります。SAPでは、買掛金などの負債グループの残高はマイナス表示されます。S/4HANAでは、この残高の計算式が基本となります。

表1 預金、売掛金、買掛金の計算の例（単位：円）

●総勘定元帳の例

勘定科目：預金

	日付	No.	摘要	相手科目	借方金額	貸方金額	残高
1	4/1	1001	会社設立、資本金受入れ	資本金	1,000,000		1,000,000
2	6/25	1002	給与支払い	給与		400,000	600,000
			合計		1,000,000	400,000	600,000

勘定科目：売掛金

	日付	No.	摘要	相手科目	借方金額	貸方金額	残高
4	11/30	1004	商品の販売	売上	950,000		950,000
			合計		950,000	-	950,000

勘定科目：買掛金

	日付	No.	摘要	相手科目	借方金額	貸方金額	残高
3	9/28	1003	商品の仕入	仕入		500,000	-500,000
			合計		-	500,000	-500,000

日本の会計パッケージでは、資産グループや費用グループに含まれる勘定科目は、S/4HANAと同じように計算しますが、負債グループ、純資産グループ、収益グループに含まれる勘定科目の場合は、「前月（前期）残高 ＋ 貸方金額 － 借方金額」で計算します。つまり、買掛金などの負債グループの残高はプラス表示されます。

（C）合計残高試算表の借方合計金額と貸方合計金額は、必ず一致する、かつ残高の縦計は0

残高試算表を合計残高試算表として、残高の列だけでなく、借方金額と貸方金額を表示した場合、借方合計金額と貸方合計金額は必ず一致します。

さらに、この合計残高試算表上の借方合計金額と貸方合計金額は、仕訳帳上の借方合計金額と貸方合計金額とも一致していなければなりません。つまり、仕訳帳上に記載されたすべての会計取引が漏れなく転記されたかどうかをこれでチェックできます。

また、S/4HANAの残高試算表、または合計残高試算表上の残高列の合計は必ず0になります*。これが0でない場合は、総勘定元帳上か、試算表上のいずれかの勘定科目の残高が間違っていることになります。

なお、手作業で合計残高試算表を作成した場合は、下記の点を確認します。

● **S/4HANAの残高計算方法で計算した場合、合計残高試算表の合計残高が0になっているか**

● **合計残高試算表の借方合計金額と貸方合計金額が一致しているか**

● **合計残高試算表の借方合計金額、および貸方合計金額が仕訳帳の借方合計金額および貸方合計金額と一致しているか**

この3点が正しければ、仕訳帳から総勘定元帳への記帳が漏れがなく転記されていることになります。なお、総勘定元帳をコンピュータで作成している場合は、この3点は必ず一致しているはずです（表2）。

---

*S/HANA ～ 0 になります……日本の会計パッケージの場合は「資産グループ ＋ 費用グループ」と「負債グループ ＋ 純資産グループ ＋ 収益グループ」のそれぞれの残高合計が一致するようになっている。

表2 合計残高試算表の例（単位：円）

勘定科目	借方金額	貸方金額	残高
預金	1,000,000	400,000	600,000
売掛金	950,000	0	950,000
買掛金	0	500,000	-500,000
資本金	0	1,000,000	-1,000,000
売上	0	950,000	-950,000
仕入	500,000	0	500,000
給与	400,000	0	400,000
合計	2,850,000	2,850,000	0

（D）貸借対照表上の資産－（負債＋純資産）で利益を計算する

　S/4HANAでは、負債グループ、純資産グループの勘定科目はマイナス残高となるため、符号を反転させて計算します。

　図3の例では、「資産（60万円 ＋ 95万円）－（負債50万円 ＋ 純資産100万円）」と計算し、利益は5万円になります。

図3　SAPでは負債と純資産の符号を反転させて計算する（単位：円）

【残高試算表】

残高合計 2,450,000　　残高合計 -2,450,000

資産（600,000＋950,000）－（負債500,000＋純資産1,000,000）＝50,000

(E) 損益計算書上の収益−費用で利益を計算する

S/4HANAでは、収益グループの勘定科目はマイナス残高となるため、符号を反転させて計算します（図4）。「収益95万円 −（費用50万円 ＋ 40万円）」と計算し、利益は5万円になります。

（D）で計算した利益の5万円と（E）で計算した利益も5万円で一致します。つまり利益は（D）もしくは（E）の計算式で計算すればよいということになります。

図4　SAPでは収益の符号を反転させて計算する（単位：円）

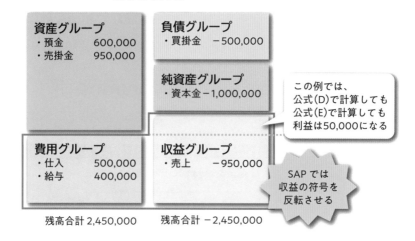

【残高試算表】

資産グループ	負債グループ
・預金　　600,000 ・売掛金　950,000	・買掛金　−500,000

純資産グループ
・資本金−1,000,000

> この例では、公式（D）で計算しても公式（E）で計算しても利益は50,000になる

費用グループ	収益グループ
・仕入　　500,000 ・給与　　400,000	・売上　−950,000

> SAPでは収益の符号を反転させる

残高合計 2,450,000　　残高合計 −2,450,000

13 残高の繰り越し

● 貸借対照表上の各勘定科目の残高を次会計年度の期首残高として繰り越しする

● 当期利益は、貸借対照表上の繰越利益勘定に繰り越す

残高の繰り越し

　1-4節の簿記全体の仕組みの⑤の残高繰越方法について説明します。

　年度末に決算の数字が固まったら、それぞれの総勘定元帳上の勘定科目別の期末日残高＊を次年度の期首開始日（例えば、3月決算の会社の場合なら4月1日）の残高として、それぞれの勘定科目の残高に繰越処理を行います（表1）。この時、前期の当期利益（損益）の5万円を貸借対照表の繰越利益勘定に振り替えします。

　仕訳としては、下記のイメージになります。

[借方]損益（損益計算書）5万円／[貸方]繰越利益（貸借対照表）5万円

　なお、コンピュータを使っている場合は、貸借対照表の各勘定科目の残高を次会計年度の期首残高に繰り越す処理を行います。そして、前期末の損益計算書の当期利益を、勘定科目「繰越利益」の総勘定元帳に自動的に繰り越し、期首日の貸借対照表の左側・右側の残高は一致するようになっています。SAPでは、残高の合計は0になります。

＊ **期末日残高**……この例では、3月31日の預金60万、売掛金95万円、買掛金 -50万円、資本金 -100万円。

表1 残高繰越処理①（3月決算の会社の例、単位：円）

SAP上の貸借対照表

前期末の貸借対照表の勘定科目の残高を
次期に期首残高に繰り越しする

勘定科目	残高
預金	600,000
売掛金	950,000
買掛金	-500,000
資本金	-1,000,000
【利益】	-50,000

勘定科目：預金

日付	No.	摘要	相手科目	借方金額	貸方金額	残高
4/1	前期より繰越					600,000
			合計	-	-	600,000

勘定科目：売掛金

日付	No.	摘要	相手科目	借方金額	貸方金額	残高
4/1	前期より繰越					950,000
			合計	-	-	950,000

勘定科目：買掛金

日付	No.	摘要	相手科目	借方金額	貸方金額	残高
4/1	前期より繰越					-500,000
			合計	-	-	-500,000

勘定科目：資本金

日付	No.	摘要	相手科目	借方金額	貸方金額	残高
4/1	前期より繰越					-1,000,000
			合計	-	-	-1,000,000

勘定科目：繰越利益

日付	No.	摘要	相手科目	借方金額	貸方金額	残高
4/1	前期より繰越					-50,000
			合計	-	-	-50,000

前期の当期利益（損益）を貸借対照表の繰越利益勘定に振り替える

次会計年度の開始仕訳伝票として繰り越す

　残高繰越処理ですが、前期末の貸借対照表の残高を、翌期首日の開始仕訳伝票として繰越処理が行われると考えたほうがわかりやすいかもしれません。実際に、S/4HANAでは、この方法で残高を繰り越しています（表2）。

　従来、SAP ECC*などでは、残高テーブル*を持って繰越処理を行っていましたが、S/4HANAでは、残高テーブルは持たずに、次期会計期間の000*に、この仕訳を転記する仕組みに変わっています。

表2 残高繰越処理②（単位：円）

SAP上の貸借対照表

勘定科目	残高
預金	600,000
売掛金	950,000
買掛金	-500,000
資本金	-1,000,000
【利益】	-50,000

S/4HANA

```
xxxx/4/1日　会計伝票
預金      600,000    買掛金     500,000
売掛金    950,000    資本金   1,000,000
                     繰越利益    50,000
```

＊ **SAP ECC**……2004年以降にSAPの名称が変わり、SAP R/3からSAP ECCに変更された。
＊ **テーブル**……ERPパッケージやデータベースなどにおいて、日々蓄積される業務データを格納・管理する場所のこと。
＊ **000**……SAPでは期首残高の会計期間を000と定義している。

14 補助簿

● 総勘定元帳の内訳的な帳簿のこと
● よく使われている補助簿に仕入先補助簿と得意先補助簿がある

補助簿とは

　補助簿は、総勘定元帳の内訳的な帳簿のことで、**補助元帳**とも言います。

　総勘定元帳では、売掛金や買掛金などの勘定科目別の明細と残高はわかりますが、「どの得意先の分」「どの仕入先の分」なのかがわかりません。そのため、総勘定元帳の内訳的な帳簿として、得意先別や仕入先別の補助簿を作成して管理します。

　前述したように、S/4HANAでは勘定科目の「売掛金」は、仕訳時に直接、勘定科目コードを入力するのではなく、得意先のコードを入力することで、得意先別の債権の管理をしています。そして、その得意先マスタ＊に登録されている売掛金の勘定科目コードを自動的に求め、売掛金の総勘定元帳に転記する仕組みになっています（図1の左の図）。

　同様に勘定科目の「買掛金」は、仕訳時に直接、勘定科目コードを入力するのではなく、仕入先のコードを入力することで、仕入先別の債務の管理をしています。そして、その仕入先マスタに登録されている買掛金の勘定科目コードを自動的に求め、買掛金の総勘定元帳に転記する仕組みになっています（図1の右の図）。

　S/4HANAでは、これに対応するための会計伝票入力画面が用意されています。

＊**マスタ**……あらかじめ登録しておいた、システム上で必要な基本情報のこと。

図1　補助簿と総勘定元帳の関係

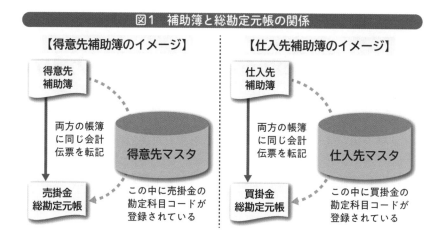

【得意先補助簿のイメージ】

得意先
補助簿

両方の帳簿
に同じ会計
伝票を転記

得意先マスタ

売掛金
総勘定元帳

この中に売掛金の
勘定科目コードが
登録されている

【仕入先補助簿のイメージ】

仕入先
補助簿

両方の帳簿
に同じ会計
伝票を転記

仕入先マスタ

買掛金
総勘定元帳

この中に買掛金の
勘定科目コードが
登録されている

コラム　未転記と転記

　SAPでは、会計伝票を入力して転記する場合は、例えば『FB50』というトランザクションコードを使用します。あるいは、『FV50』というトランザクションコードを使用して、未転記伝票として登録しておくこともできます。これは、承認プロセスなどを経て、承認されたものを転記する場合に有効です。この未転記伝票を転記するために『FBV0』というトランザクションコードも用意されています。

15 商業簿記と工業簿記の違い

✎ワンポイント

● 商業簿記は、卸売業、小売業、商社などで使われていて、原価計算が不要

● 工業簿記は、製造業、工事・建築業などで使われていて、原価計算が必要

商業簿記と工業簿記の違い

商業簿記と工業簿記の違いについて説明します(図1)。

● 商業簿記

簿記を学び始めて、日商の簿記初級や3級などの合格を目指す方が多いのではないかと思います。この簿記初級や3級が対象としているのが、商業簿記です。下記のような特徴があります。

- 商品を仕入れて販売する、卸売業や小売業(コンビニ、スーパー)、商社などで使われている。
- 商品を仕入勘定※で処理しておき、期末日などにおいて、棚卸を行い、売れ残った分を仕入勘定から商品勘定※に振り替える。
- 原価計算が不要。

● 工業簿記

日商の簿記2級以上の試験に出題されます。下記のような特徴があります。

- 製造業や建築業などで使われている。
- 製造費用をもとに原価計算を行い、その結果を製品勘定※と仕掛品勘

※ **仕入勘定**……仕入先から商品を購入した時の借方の勘定科目として使われる。

※ **商品勘定**……期末日に棚卸を行い、仕入勘定から在庫として残っていた分を振替えたもの。

※ **製品勘定**……当期完成した製品相当分を製造費用から振替えたもの。

定＊に振り替える会計処理を行う。
- 原価計算が必要になる。

　補足をすると、製品を作る過程で発生する費用のことを**製造費用**と言います。年間分の総製造費用をもとに、様々な配賦＊などのテクニックを駆使して**原価計算**を行い、まず製品1個あたりの原価を求めます。

　そして、期末時点では、完成した製品と未完成の製品が出てきます。完成した製品に相当する製造費用を、例えば「完成数量 × 製品1個あたりの原価」などで計算し、その金額を貸借対照表の**製品勘定**に振り替えます。また、未完成の製品は仕掛品＊として、貸借対照表の**仕掛品勘定**に振り替えします。この一連の処理を行うのが工業簿記です。

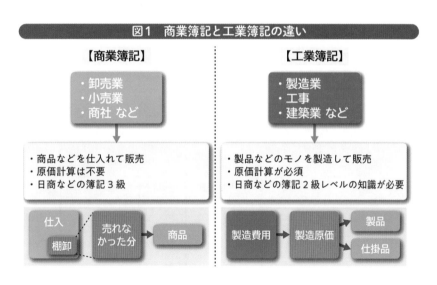

図1　商業簿記と工業簿記の違い

＊**仕掛品勘定**……期末日において、当期未時点で完成しなかった製品相当分を製造費用から振替えたもの。
＊**配賦**……複数の部門や製品にまたがる費用をそれぞれの部門に割り当てる処理のこと。5-7節「配賦」を参照。
＊**仕掛品**……仕掛品勘定と同じ意味で使われる。

16 会計伝票入力と帳簿の関係

⌕ワンポイント

● 会計伝票入力のためには、勘定科目のマスタ化やコード化が必要

● 帳表は、コンピュータが自動的に作成

会計伝票入力

コンピュータに会計伝票を入力する場合、あらかじめ**決めごと**が必要です。仕訳した会計伝票上の借方勘定科目や貸方勘定科目にコードを付番して、勘定科目マスタとして登録しておく必要があります。

会計伝票の一覧を例に見てみましょう(表1)。

表1 コード化した会計伝票の一覧の例(単位:円)

	日付	No.	摘要	借方勘定科目コード	借方科目	借方金額	貸方勘定科目コード	貸方科目	貸方金額
①	4/1	1001	会社設立、資本金受入れ	111250	預金	1,000,000	711000	資本金	1,000,000
②	6/25	1002	給与支払い	824200	給与	400,000	111250	預金	400,000
③	9/28	1003	商品を仕入	822110	仕入	500,000	仕入先コードVD0001:柏商店	買掛金	500,000
④	11/30	1004	商品を販売	得意先コードCM0002:銀座商事	売掛金	950,000	811100	売上	950,000
					合計	2,850,000		合計	2,850,000

コード化が必要!

勘定科目マスタの例

勘定コード表：CAJP、会社コード：XG01

・111250 預金、711000 資本金、811100 売上

・822110 仕入、824200 給与

・仕入先VD0001 柏商店：買掛金412100に紐づけて登録

・得意先CM0002 銀座商事：売掛金113100に紐づけて登録

　表1の4件は、SAPの会計伝票の例で、借方勘定科目コード列と貸方勘定科目コード列があり、ここにコード化した勘定科目コードなどが書いてあります。勘定科目コードのほかに、得意先コード、仕入先コードなどもマスタ化してあらかじめ登録しておきます。

帳票との関係

　手作業では、■1仕訳帳の作成→■2総勘定元帳への転記→■3残高試算表の作成→■4財務諸表の作成、と手順を踏んで、作業を進めていきます。

　一方、コンピュータを使って会計処理を行う場合は、会計伝票の入力と同時に、仕訳帳や総勘定元帳へ個別に記帳しなくても、自動的にそれらに転記してくれます。また、総勘定元帳や残高試算表、財務諸表の貸借対照表、損益計算書などをコンピュータが作成してくれます（図1）。

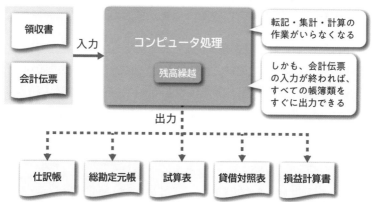

図1　会計伝票入力と帳表の関係

17 S/4HANAの会計伝票入力例

- Launchpadからの4種類の会計伝票入力画面の例
- F0718（振替伝票）
- FB50（振替伝票）
- FB60（仕入先請求書入力）
- FB70（得意先請求書入力）

Launchpadからの4種類の会計伝票入力画面

Launchpad*からS/4HANAを利用する場合の会計伝票入力画面の例について説明します。

会計伝票入力画面には、下記の4種類があります（図1）。『 』内は、トランザクションコード*の番号です。なお、『F0718』はFiori*のアプリIDです。

●『F0718』（振替伝票入力）

S/4HANAで追加されたFioriの会計伝票入力画面です。

●『FB50』（振替伝票入力）

前のバージョンから存在していた会計伝票入力画面です。

●『FB60』（仕入先請求書入力）

買掛金の内訳を仕入先別に管理する（いわゆる仕入先補助簿）場合の会計伝票入力画面です。会計伝票を入力する際に、買掛金の勘定科目コードではなく、仕入先コードを入力するのが特徴となっています。

＊Launchpad……SAP S/4HANAから追加されたユーザーインターフェース。EdgeやChromeなどのWebブラウザを使って、S/4HANAにログオンすることで使える。Launchpad上の四角のタイルをクリックしてプログラムを実行する。

＊トランザクションコード……標準のプログラムに付番されたコードのことで、これを使って対応のプログラムを直接実行することができる。9-1節「トランザクションコードと メニュー例」を参照。

●『FB70』（得意先請求書入力）

　売掛金の内訳を得意先別に管理する（いわゆる得意先補助簿）場合の会計伝票入力画面です。会計伝票を入力する際に、売掛金の勘定科目コードではなく、得意先コードを入力するのが特徴となっています。

図1　Launchpadからの4種類の会計伝票入力

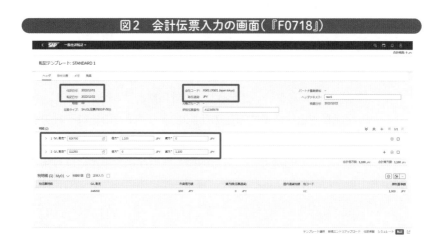

会計伝票入力画面　　　　　　　　　　　　帳票出力画面

『F0718』（振替伝票入力）

　S/4HANAで新しく追加されたFioriの会計伝票入力画面です（図2）。

　借方・貸方ともに、勘定科目コードを入力します。勘定科目コードは同じ列に入力しますが、金額欄が借方・貸方に分かれています。右下の［転記］ボタンをクリックすると、会計伝票として転記します。なお、ECCでは次の『FB50』を使ってきました。

図2　会計伝票入力の画面（『F0718』）

＊ **Fiori**……スマートフォンやタブレットなどからも利用できるシンプルで直感的なデザインを備えたS/4HANAの標準ユーザーインターフェースで、Launchpadを使って利用する。

『FB50』（振替伝票入力）

同じく会計伝票の入力画面です（図3）。

借方・貸方ともに、勘定科目コードを入力します。G/L勘定*欄に勘定科目コード、D/C*欄に借方・貸方、伝票通貨額に金額を入力します。右下の[転記]ボタンをクリックすると、会計伝票として転記します。

図3 会計伝票入力の画面（『FB50』）

『FB60』（仕入先請求書入力）

買掛金関係の会計伝票を転記する場合に使用します（図4）。

買掛金という勘定科目の代わりに、仕入先コードを入力します。G/L勘定欄に**相手勘定**、D/C欄に借方・貸方、伝票通貨額に金額を入力します。右下の[転記]ボタンをクリックすると、会計伝票として転記します。

なお、相手勘定とは、複式簿記の仕訳の借方・貸方のそれぞれの側から見た勘定科目のことです。

借方の勘定科目から見ると、貸方の勘定科目が相手勘定となります。逆に貸方の勘定科目から見ると、借方の勘定科目が相手勘定となります。

---

* **G/L 勘定**……勘定科目コードのこと。9-7節「その他の項目説明」を参照。
* **D/C**……貸借区分のこと。「Debit/Credit」の略。

図4　会計伝票入力の画面(『FB60』)

『FB70』（得意先請求書入力）

　売掛金関係の会計伝票を転記する場合に使用します（図5）。

　売掛金という勘定科目の代わりに、得意先コードを入力します。G/L勘定欄に相手勘定、D/C欄に借方・貸方、伝票通貨額に金額を入力します。右下の[転記]ボタンをクリックすると、会計伝票として転記します。

図5　会計伝票入力の画面(『FB70』)

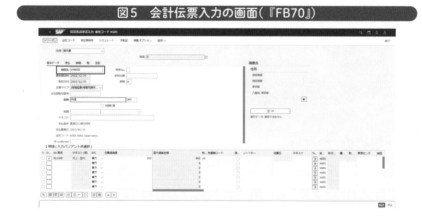

18 SAP S/4HANAの帳簿・帳票例

✎ワンポイント

● 仕訳帳のサンプル

● 総勘定元帳のサンプル

● 試算表のサンプル

● 財務諸表(貸借対照表、損益計算書)のサンプル

帳票出力

S/4HANAでは、Launchpadを使って、目的の帳票を作成します。会計伝票の入力が終われば、各帳表を作成できます(図1)。

図1 Launchpadによる帳票出力メニューの例

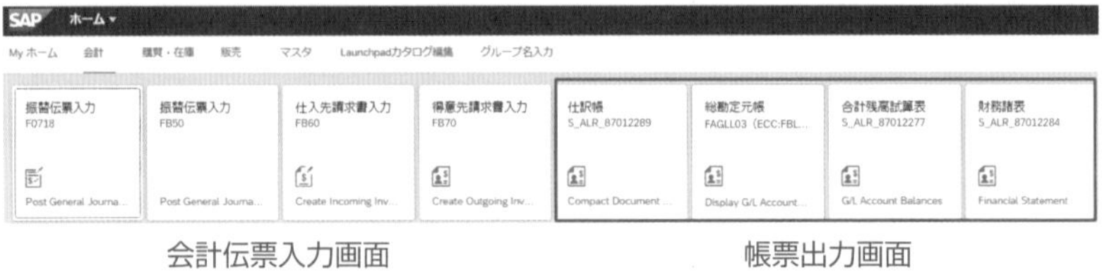

会計伝票入力画面　　　　　　　　　　　　　帳票出力画面

仕訳帳のサンプル

図2がS/4HANAの仕訳帳のサンプルになります。タイトルが「要約仕訳帳」となっていて、日付別、仕訳別に表示されています。借方・貸方の勘定科目コードがG/L勘定列に表示されています。PK列の40が借方、50が貸方を表します。または、プラスの金額が借方、マイナスの金額が貸方と見ていただいてもよいです。借方の合計金額が2,850円、貸方の合計金額が2,850円で一致しています。

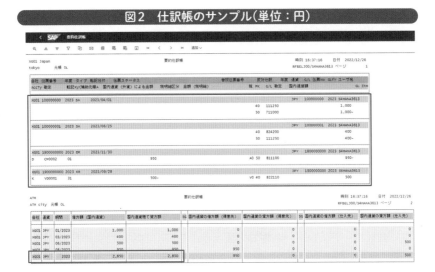

図2 仕訳帳のサンプル(単位：円)

要約仕訳帳

XG01 Japan　　要約仕訳帳　　時刻 16:37:16　日付 2022/12/26
tokyo　元帳 0L　　RFBELJ00/S4HANA3613 ページ 1

会社 伝票番号 年度 タイプ 転記日付 伝票ステータス 参照伝票番号 反対仕訳 年度 通貨 G/L 伝票No GLFY ユーザ名
AccTy 勘定 転記Ky(補助元帳A 国内通貨（外貨）による金額 税明細区分 金額（税明細） 税 PK G/L 勘定 国内通貨額 GL Itm

XG01 100000000 2023 SA 2023/04/01 JPY 100000000 2023 S4HANA3613
40 111250 1,000
50 711000 1,000-

XG01 100000001 2023 SA 2023/06/25 JPY 100000001 2023 S4HANA3613
40 824200 400
50 111250 400-

XG01 1800000000 2023 DR 2023/11/30 JPY 1800000000 2023 S4HANA3613
D CM0002 01 950 A0 50 811100 950-

XG01 1900000000 2023 KR 2023/09/28 JPY 1900000000 2023 S4HANA3613
K VD0001 31 500- V0 40 822110 500

ATM　　要約仕訳帳　　時刻 16:37:16　日付 2022/12/26
ATM city　元帳 0L　　RFBELJ00/S4HANA3613 ページ 2

会社	通貨	期間	借方額（国内通貨）	国内通貨建て貸方額	SG	国内通貨の借方額（得意先）	国内通貨の貸方額（得意先）	SG	国内通貨の借方額（仕入先）	国内通貨の貸方額（仕入先）
XG01	JPY	01/2023	1,000	1,000		0	0		0	0
XG01	JPY	03/2023	400	400		0	0		0	0
XG01	JPY	06/2023	500	500		0	0		0	500
XG01	JPY	08/2023	950	950		950	0		0	0
XG01	JPY	2023	2,850	2,850		950	0		0	500

総勘定元帳のサンプル

図3が総勘定元帳のサンプルです。タイトルが「勘定コード明細照会」となっていますが、これがS/4HANAでの総勘定元帳になります。これ以外にも何種か用意されています。

図3 総勘定元帳のサンプル(単位：円)

勘定コード明細照会 G/L ビュー

G/L 勘定　111250　銀行 1 - 普通預金
会社コード　XG01　XG01 Japan
元帳　0L　リーディング元帳

Stat	ソートキー	伝票番号	BusA	タイプ	伝票日付	PK	金額（LC）	L通貨	金額（第 2 国内通貨）	Curr	金額（第 3 国内通貨）	Curr	自由定義通貨 2 での金額	Curr	自由定義通貨 3 での金額	Curr	自由定義通貨 4 での金額	Cur
✓	20230401	100000000		SA	2023/04/01	40	1,000	JPY	1,000	JPY								
✓	20230625	100000001		SA	2023/06/25	50	400-	JPY	400-	JPY								
* ✓							600	JPY	600	JPY								
** 勘定コード 111250							600	JPY	600	JPY								

G/L 勘定　113100　売掛金 - 国内
会社コード　XG01　XG01 Japan
元帳　0L　リーディング元帳

Stat	ソートキー	伝票番号	BusA	タイプ	伝票日付	PK	金額（LC）	L通貨	金額（第 2 国内通貨）	Curr	金額（第 3 国内通貨）	Curr	自由定義通貨 2 での金額	Curr	自由定義通貨 3 での金額	Curr	自由定義通貨 4 での金額	Cur
○		1800000000		DR	2023/11/30	01	950	JPY	950	JPY								
* ○							950	JPY	950	JPY								
** 勘定コード 113100							950	JPY	950	JPY								

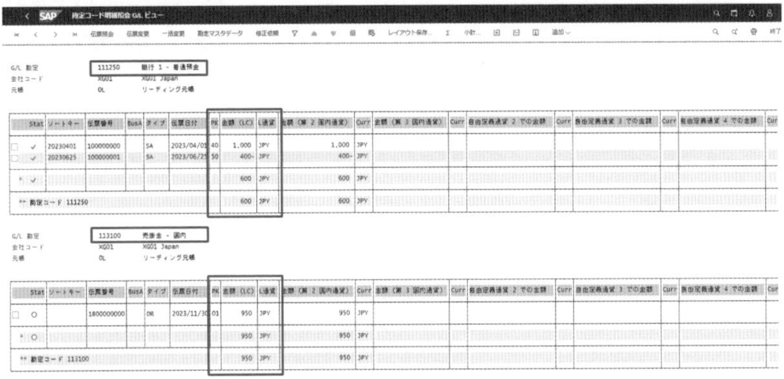

このサンプルでは、勘定科目コードが「111250 銀行 1 - 普通預金」の総勘定元帳、勘定科目コードが「113100 売掛金 - 国内」の総勘定元帳が表示されています。

111250の普通預金を見ると、4月1日の1,000円と6月25日の-400円が明細行に表示されています。また、113100の売掛金には、11月30日の950円が表示されています。

試算表のサンプル

図4が試算表のサンプルです。タイトルが「G/L勘定残高」となっていますが、これがS/4HANAの試算表の1つです。

会社コード、レポート期間の表示とともに、勘定科目コード、勘定科目名称、通貨、レポート期間の借方残高（借方金額）、レポート期間の貸方残高（貸方金額）、累計残高（残高）が表示されています。

一番下の黄色の行が合計ですが、レポート期間の借方残高に2,850円、レポート期間の貸方残高に2,850円と表示され、金額が一致しています。また、仕訳帳の合計金額とも一致し、黄色の合計行の累計残高（残高）が0で表示されています。このことから、入力した会計伝票は、すべて漏れなく正しく転記されていることになります。

図4　試算表のサンプル（単位：円）

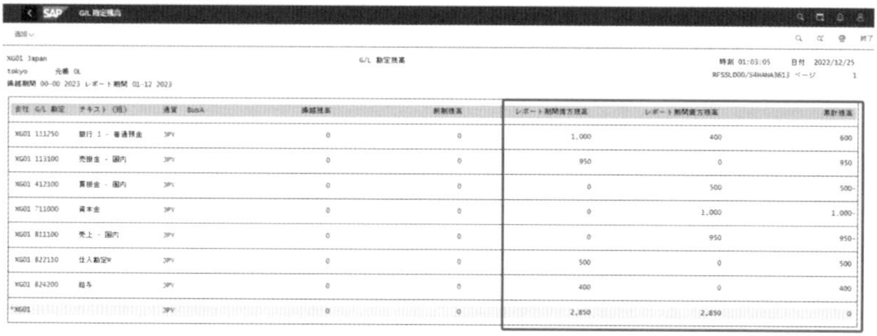

会社	G/L 勘定	テキスト（短）	通貨	BusA	繰越残高	前期残高	レポート期間借方残高	レポート期間貸方残高	累計残高
XG01	111250	銀行 1 - 普通預金	JPY		0	0	1,000	400	600
XG01	113100	売掛金 - 国内	JPY		0	0	950	0	950
XG01	412100	買掛金 - 国内	JPY		0	0	0	500	500-
XG01	711000	資本金	JPY		0	0	0	1,000	1,000-
XG01	811100	売上 - 国内	JPY		0	0	0	950	950-
XG01	822130	仕入勘定W	JPY		0	0	500	0	500
XG01	824200	給与	JPY		0	0	400	0	400
*XG01			JPY		0	0	2,850	2,850	0

財務諸表：貸借対照表のサンプル

図5は、貸借対照表のサンプルです。

資産勘定、負債勘定、純資産勘定の各残高が表示されています。買掛金、資本金、そして当期利益がマイナス表示されていますが、これは符号を反転していないため、マイナス表示されています。パラメータで符号を反転させることで、プラス表示させることができます。

図5　財務諸表（貸借対照表）のサンプル（単位：円）

財務諸表：損益計算書のサンプル

図6は、損益計算書のサンプルです。

収益勘定と費用勘定の各残高が表示されています。売上と当期利益がマイナス表示されていますが、これは、符号を反転していないため、マイナス表示されています。パラメータで符号を反転させることで、プラス表示させることができます。

図6 財務諸表(損益計算書)のサンプル(単位：円)

< **SAP** 財務諸表

追加∨

| XG01 Japan | | | XG財務諸表 | | | 時刻 01:04:51　日付 2022/12/25 | | |
| tokyo | 元帳 0L | | | | | RFBILA00/S4HANA3613 ページ　2 | | |

会社コード　XG01 事業領域　****　　　　　　　　　　　　　　　　　　　　金額　JPY

C F	会社 Code	事業 領域	テキスト	レポート期間 (01.2023-12.2023)	比較期間 (01.2023-12.2023)	絶対 差異	相対 差異	合計 Lv
	XG01		811100　売上 - 国内	950-	950-	0		
			収益計	950-	950-	0		*2*
	XG01		822110　仕入勘定M	500	500	0		
	XG01		824200　給与	400	400	0		
			費用計	900	900	0		*2*
			当期利益	50-	50-	0		*1*

19 経理の仕事

● 経理の仕事には、帳簿管理のほか、様々なものがある

● 経理の年間スケジュール

経理の仕事

経理の仕事として、どのようなものがあるか見ておきましょう。例えば、下記のような経理の仕事があります(表1)。

表1 経理の主な仕事

経理の主な仕事	内容
①会計伝票の起票	会計伝票入力、承認、入力結果の確認(伝票照会、試算表など)
②入金・出金処理	得意先、仕入先、社員(給料・賞与、経費)、銀行、税務署、国・都道府県、健康保険組合などとの入出金処理
③帳簿管理	通帳、出納帳、補助簿、仕訳帳、総勘定元帳など
④債権・債務、固定資産管理	得意先債権管理、仕入先債務管理、固定資産管理
⑤税務関係	法人税、消費税、事業税、事業所税、固定資産税、償却資産税、源泉徴収税、所得税、住民税
⑥社会保険関係	健康保険、厚生年金、雇用保険、労災保険など
⑦資金繰り	資金繰表管理(実績・予定)、資金調達(銀行・株式市場)
⑧決算処理	決算伝票入力、残高確認、財務諸表、有価証券報告書の作成、配当、残高繰越
⑨報告	トップ、銀行、証券取引所、株主

また、簿記以外の会計や税務、社会保険のことなども身に付けておく必要があります。

経理の年間のスケジュールの例

　これらの経理の仕事を年間のスケジュールとして整理したのが、表2になります。縦軸に日次、月次、四半期、半期、年次という形で、主な作業を見てみましょう。

● 日次

　会計伝票の入力や、銀行の通帳の記帳、得意先からの入金消込^{にゅうきんけしこみ}＊、そして支払処理と経費などスポットで払うようなこともあります。

● 月次

　コンピュータから残高試算表を出力して、各勘定科目の残高が銀行の通帳などの現物と合っているかをチェックをします。月次の数字が固まったら、貸借対照表や損益計算書、キャッシュフロー計算書などの財務諸表を作成して、経営トップや外部に会社の財政状態や経営成績を報告します。

　また、資金繰りでは、実績の把握や今後の資金繰りの予想を立て、もし資金の不足が想定される場合は、お金を借りる作業も出てきます。

　なお、支払処理についてですが、日本の場合は、末締めの翌月末や月次の締めという単位で、お金の授受をすることが多いです。例えば、仕入先に対する支払いが、末締めの翌月末という支払条件であれば、月末に、銀行を経由して、仕入先から前月仕入れた分の代金の支払いを行います。

　社員に対する給与の支払いも毎月発生します。給与の支払い時に社員から預かった所得税や住民税、社会保険料を、翌月納付するという作業も毎月あります。

● 四半期

　上場している会社の場合は、証券取引所等へ経営状況を報告する作業があります。そのほか、消費税等の支払いや、その他の税金関係で予定納税することもあります。

● 半期

　外部への経営状況の報告や賞与の支払いなどがあります。

＊ **入金消込**……得意先から売掛金の入金があった場合、その入金金額と一致する得意先の発生済の売掛金額を消込むこと。

●年次

決算処理ということで、決算調整伝票の起票をしたり、年次の財務諸表を作って数字を固めていきます。そして、確定した数字に基づいて法人税や消費税、事業税などの計算・納税、株主に対する配当などの作業を行います。

また、貸借対照表の残高を次会計年度に繰り越す作業も必要になります。さらに毎年1月に、社員の給与支払報告書を税務署、および社員が住んでいる市区町村に報告する作業があります。

このように、経理の仕事を年間のカレンダーから見ることで、いつ頃、何をしなければならないのかがわかってきます。

表2 年間スケジュールの例

日次	月次	四半期	半期	年次
会計伝票入力	残高試算表の作成、数字のチェック			決算処理（年次財務諸表の作成）、報告
通帳記帳・入金消込など	財務諸表の作成、報告、資金繰り	外部への経営状況報告	同左	法人税・消費税、事業税などの支払い、配当支払い
支払処理（経費など）	支払処理 ・仕入先支払 ・社員給与 ・社員預り金の納付（所得税、住民税、社会保険など）	消費税支払い、その他の税金関係の予定納税	賞与支払い	繰越処理、社員の給与支払報告（税務署、市区町村）

<table>
</table>

コラム　SAPの会計監査

　SAPを利用している会社が監査法人などの監査を受ける場合、監査人が直接SAPにLogonして、監査する場合があります。監査で必要とする伝票の検索や、残高の確認などを行うほか、権限設定状況をチェックすることもあります。内部統制として、そのユーザーが行える処理と権限設定内容の確認を行い、正しく設定されているかどうかをチェックします。SAPでは、トランザクションコードの上1桁目に「S」が付くものが、パラメータ設定や開発などで使うものなので、一般ユーザーにこれらの権限を与えないようにする必要があります。

第 **2** 章

会計関連の基準と主な法律の概要

会計処理をする場合は、その処理方法や提出書類、書類の作成形式などを定めた会計基準や、守らなければならない法律などがあり、それに沿って会計処理を行う必要があります。第2章では、これらの会計関連基準と主な法律の概要について学んでいきます。

1 会社を取り巻く会計に関する主な法律

● 商法、会社法、税法、金融商品取引法などがある

● 会社に関係する税法として、消費税法、法人税法などがある

● 日本会計基準は、企業会計原則がベースとなっている

● 企業会計原則には、一般原則、損益計算書原則、貸借対照表原則がある

会社を取り巻く会計に関する主な法律

会社を取り巻く会計に関する主な法律として、**商法、会社法、税法、金融商品取引法**などがあります（図1）。

● 商法

営業や商行為等の商取引に関するルールを定めた法律で、会社や個人事業主なども対象としています。所管官庁は法務省です。

● 会社法

会社の設立、組織、運営、解散などに関する法律です。所管官庁は法務省です。

● 税法

様々ありますが、会社に関係する税法として消費税法、法人税法などがあります。所轄官庁は、財務省と国税庁です。

● 金融商品取引法

上場会社などに適用される法律です。有価証券報告書の中の1つの報告書として、財務諸表を作成します。所轄官庁は、金融庁です。

　日本での会計処理は、**日本会計基準**に基づいて行う必要があります。日本会計基準は、企業会計原則がベースとなっています。企業会計原則は、一般原則、そして損益計算書原則、貸借対照表原則などで構成されています。

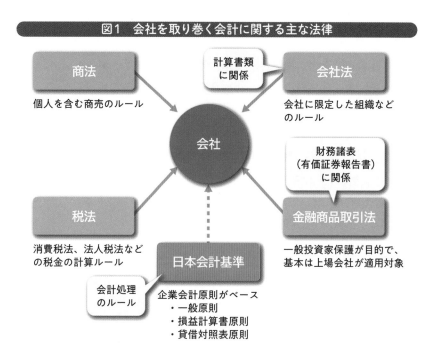

図1　会社を取り巻く会計に関する主な法律

コラム　会計監査人もSAPを使う

　会計監査人が、SAPのユーザーIDを使ってLogonし、会計伝票の検索や権限設定状況などを確認する場合、会計監査人用のユーザーメニューと権限を用意して、これを使用してもらいます。会計監査に必要な情報収集を、会計監査人が自ら行うことで監査効率が高まります。また、会計監査人に対して紙出ししたり、Excelにダウンロードして情報を提供する必要がないため、会計監査人との対応時間が少なく済みます。

2 会計基準

● 日本会計基準、国際会計基準、米国会計基準などがある
● 会計基準は、財務諸表の作成に必要なルールのこと

日本会計基準、国際会計基準、米国会計基準など

会計基準は、財務諸表の作成に必要なルールのことです。日本では**日本会計基準**、EUなどではIFRSと呼ばれる**国際会計基準**、アメリカではUS-GAAPと呼ばれる**米国会計基準**が使用されます（図1）。

● 日本会計基準

1949年に公表された「企業会計原則」をベースにしています。その後、ASBJという企業会計基準委員会が設定した会計基準を合わせたものが日本の会計基準として採用されています。

● 国際会計基準（IFRS）

IFRSは、International Financial Reporting Standardsの略で、国際会計基準審議会 ＊ が作成した会計基準です。EU域内の上場企業に対して導入が義務化されています。時価評価を重視し、売上の出荷基準が認められず、基本的に検収基準となります。

EU領域内に海外子会社がある場合は、その子会社の財務諸表はIFRS基準で作成する必要があります。

● 米国会計基準（US-GAAP）

US-GAAPは、Generally Accepted Accounting Principlesの略で、「一般に認められた会計原則」と訳されます。米国財務会計基準審議会 ＊ が作

＊ **国際会計基準審議会**……The International Accounting Standards Board。IASB と略される。
＊ **米国財務会計基準審議会**……Financial Accounting Standards Board。FASB と略される。

成しています。アメリカで上場している日本企業は、US-GAAPに基づいて
財務諸表を作成しなければなりません。

図1　会計基準

日本会計基準	国際会計基準 （IFRS）	米国会計基準 （US-GAAP）
・日本で採用 ・企業会計原則がベース ・企業会計基準委員会が 　日本の会計基準設定 　主体となっている	・EUで採用 ・国際会計基準審議会が 　作成	・アメリカで採用 ・米国財務会計基準審議 　会が作成

コラム　様々なサービスを提供しているSAP社

　SAP社は現在、S/4HANAというERPパッケージ製品を提供していますが、ERPパッ
ケージ製品のほか、下記のような様々なサービス提供も行っています。

・周辺アプリケーションの提供、特にクラウド系のもの
・コンサルティングサービス
・データセンターの提供
・プロジェクト支援サービス

3 国際会計基準と日本会計基準の違い

● 日本会計基準と国際会計基準などがある

● 日本の会計基準の元が企業会計原則

● 金融商品取引法と会社法で作る財務諸表が少し異なる

国際会計基準と日本会計基準との違い

国際会計基準(IFRS)と日本会計基準の違いについて、さらに説明します（図1）。

● 国際会計基準（IFRS）

ヨーロッパ主導で作られた基準で、原則主義*と言われています。基本的な原則について設定していますが、細かな規定や数値基準がなく、会社が自分で対応方針を決めておく必要があります。

また、国際会計基準は、演繹法*の考えを採用し、あるべき姿を掲げて、それに具体的な基準を設定するというやり方を取っています。

● 日本会計基準

日本会計基準は細則主義*とも言われ、会計基準だけでなく、実務指針や解釈指針が公表されていて、こと細かに決められています。

また、実務的に多くの会社が採用しているものを、一般的に公正妥当なものと考えて設定されていて、帰納法*的なアプローチを取っています。

このように国際会計基準と日本の会計基準は、根本的に考え方が違っています。

---

* **原則主義**……基本的な枠組みのみ規定し、細かい部分は、ケースバイケースで判断するという考え。
* **演繹法**……一般論や法則に基づいて結論を導き出す方法のこと。
* **細則主義**……原則主義と反対に、細かい部分まで規程として定め、なるべく恣意性を排除しようとする考え。
* **帰納法**……個別的な事例や事実に基づいて、一般論や理論を導き出す方法のこと。

　日本では、これまで日本基準を国際会計基準に合わせるべく、多くの基準の見直し改訂を行ってきました。特に固定資産＊に関係するルール、例えば、200％定率法＊などによる減価償却＊計算、リース取引、減損会計＊、資産除去債務計上＊など、国際会計基準に対応するための見直しが行われてきました。

　そのほか、国際会計基準では、納品、検収基準による収益認識＊や、未実現・実現別の為替差損益＊の計上などが求められています。

図1　国際会計基準と日本会計基準の違い

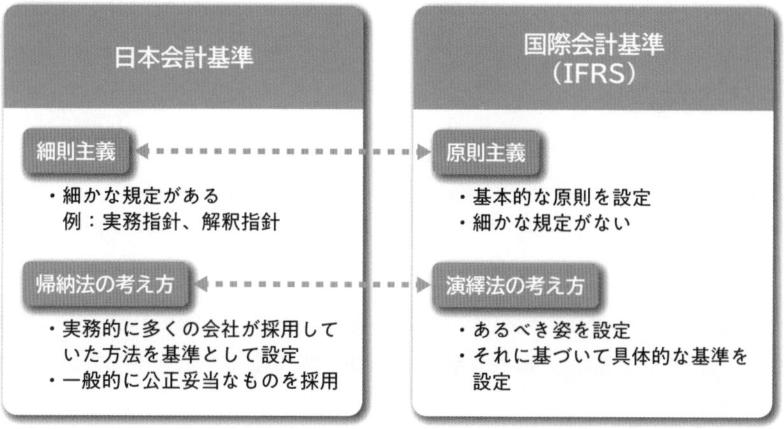

日本会計基準

細則主義
・細かな規定がある
　例：実務指針、解釈指針

帰納法の考え方
・実務的に多くの会社が採用していた方法を基準として設定
・一般的に公正妥当なものを採用

国際会計基準（IFRS）

原則主義
・基本的な原則を設定
・細かな規定がない

演繹法の考え方
・あるべき姿を設定
・それに基づいて具体的な基準を設定

＊ **固定資産**……1年以上に渡って保有する、10万円以上の建物や構築物、機械装置、器具工具備品などの資産のこと。
＊ **200％定率法**……減価償却費を「期末簿価×定額法の償却率×200％」で計算する方法。
＊ **減価償却**……定額法または定率法に従って計算した当期費用化可能金額のこと。
＊ **減損会計**……固定資産の帳簿価額が、経済環境などの変化により実勢と乖離がある場合、帳簿価額を時価などに合わせ減少させ、損失を計上する会計処理のこと。
＊ **資産除去債務計上**……例えば、建物などの固定資産について将来、解体して撤去する時の費用を、使用している間に毎期、資産除去債務として計上する会計処理のこと。
＊ **収益認識**……売上として計上するルールのこと。例えば、商品の出荷・請求、得意先への納品、受領、役務の提供、得意先の検収など様々なケースがある。
＊ **為替差損益**……外貨取引において、例えば、モノの販売時と代金の回収時、モノの仕入時と代金の支払時の為替レートに差異がある場合に発生する。

4 会社法

- ● 株主、債権者の権利保護が目的
- ● 会社の設立、組織、管理について定められている
- ● 商法から分離してできた法律

会社法とは

会社法は、もともと商法の中に記載されていたものが、2005年に分離独立した法律で、2006年5月1日に施行されました(図1)。

株式会社、合名会社、合資会社、合同会社といった「会社に絞った法律」で、会社の設立、組織、管理について定められ、株主や債権者の権利保護が目的となっています。それまであった有限会社は、現在は株式会社に含められています。なお、商法は会社のほか、個人事業主なども対象とし、営業や商行為等を定めています。

図1　会社法とは

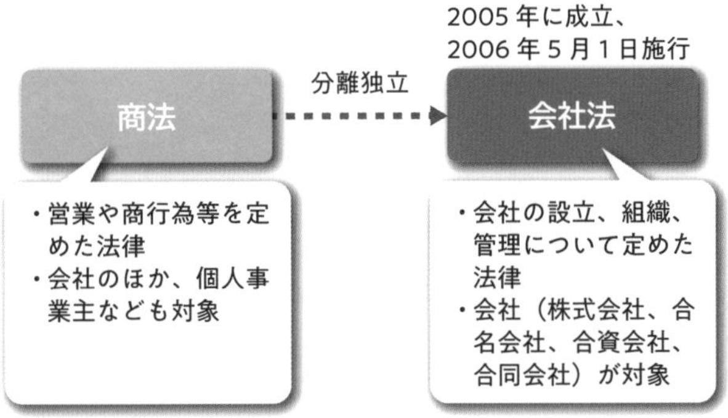

2005年に成立、
2006年5月1日施行

商法	分離独立	会社法

- ・営業や商行為等を定めた法律
- ・会社のほか、個人事業主なども対象

- ・会社の設立、組織、管理について定めた法律
- ・会社（株式会社、合名会社、合資会社、合同会社）が対象

会社法と会計

　会社法では、財務諸表は**計算書類**と呼ばれ、貸借対照表、損益計算書などの作成が求められています（図2）。ただし、キャッシュフロー計算書の作成は求められていません。

　上場している会社では、財務諸表の作成にあたっては、金融商品取引法のルールが優先されます。

図2　作成が必要な計算書類

計算書類

| 貸借対照表 | 損益計算書 | 株主資本等変動計算書 | 個別注記表 |

コラム　利益と課税所得の違い

　会計上の利益と、税法上の利益（課税所得）は異なります。会計基準に沿って計算した儲けのことを利益と言います。一方、課税所得は、その利益を元に税法で認められる益金、損金をプラス・マイナスして求めた所得のことで、これに税率を掛けて法人税などを計算します。

5 金融商品取引法

🖉 ワンポイント

- ● 一般投資家の保護が目的
- ● 旧証券取引法の名称が変更になったもの
- ● 有価証券報告書の作成が義務付けられている

金融商品取引法とは

金融商品取引法は、かつての証券取引法のことで、有価証券などに関する法律です。2007年9月30日に名称が変更されました。基本的に上場会社が適用対象となりますが、例えば、資本金が5億円以上、または、負債総額200億円以上の大会社など、条件によっては非上場会社にも適用になります。

金融商品取引法は、一般投資家の保護を目的とし、財務諸表は、**有価証券報告書**として作成する必要があります。また、**内部統制報告書**の作成も義務付けられています（図1）。

図1　金融商品取引法

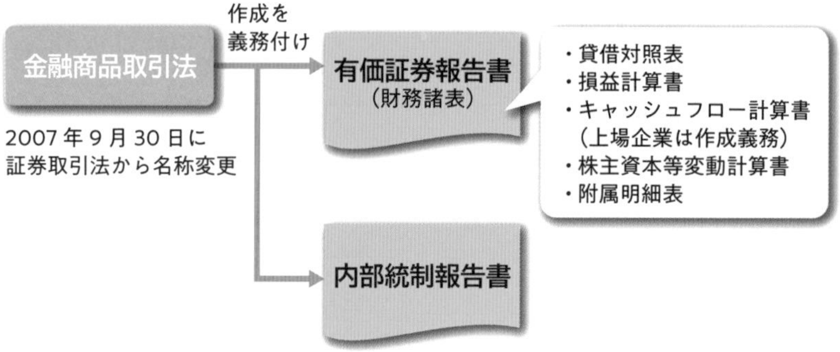

金融商品取引法	→ 作成を義務付け →	有価証券報告書（財務諸表）	・貸借対照表 ・損益計算書 ・キャッシュフロー計算書（上場企業は作成義務） ・株主資本等変動計算書 ・附属明細表

2007年9月30日に証券取引法から名称変更

内部統制報告書

6 金融商品取引法（J-SOX法対応）

- ● 上場会社は、財務報告の信頼性を確保するためのIT統制が求められている

- ● IT基盤別に全般統制と業務処理統制のチェックを行う必要がある

- ● 統制状況を「内部統制報告書」として作成し、監査法人の監査を受けなければならない

J-SOX法対応とは

　金融商品取引法の第24条の4の4では、上場企業を対象に内部統制の構成要素の1つであるITへの対応として、IT統制が求められています（図1）。

　このITへの対応の中に、財務報告の信頼性を確保するために、「IT環境に対応した情報システムに関する内部統制を整備及び運用すること」と定義されています。そのため、上場企業においては、コンピュータを使っている場合は、そのコンピュータを動かす環境に問題がなく、個々のプログラムが正確に処理される仕組みになっているかどうかが問われています。使っているコンピュータごとに正確さを証明する必要があります。

　対象会社は、J-SOX法※（ジェイソックス）に基づき、統制状況を内部統制報告書として作成し、これを監査法人が監査し、内部統制監査報告書として作成することが求められています。

　具体的には、全般統制と業務処理統制の2つに分けて行います。

● 全般統制

　ITのインフラ、例えば、ハードウェア、ネットワークの運用管理、ソフトウェアの開発・変更・運用および保守、アクセス管理などが問題なく運用さ

※**J-SOX法**……米国において会計処理の不祥事を規制するSOX法の日本版として定められた内部統制報告制度のこと。財務報告の信頼性確保を目的にする。なお、あくまで略称であり、J-SOX法という名前の法律は存在しない。

れていることをチェックします。

● **業務処理統制**

　個々のアプリケーション・プログラムによって、承認された取引がすべて正確に処理され、記録されているかどうかをチェックする必要があります。例えば、下記のプロセス別などにチェックします。

- 販売プロセス
- 購買プロセス
- 生産プロセス
- 在庫管理プロセス
- 会計処理プロセス

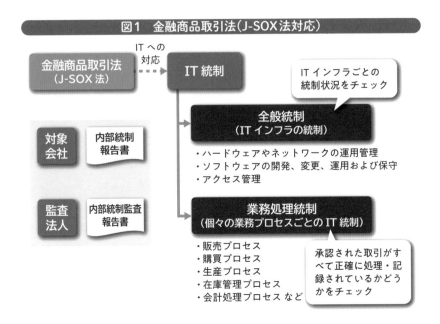

図1　金融商品取引法（J-SOX法対応）

7 連結会計

- 上場している会社で必要な会計
- 親子関係のある会社は、1つの会社として連結決算を行う必要がある
- 親会社と子会社間の会計取引を消去して連結財務諸表を作成する

連結会計とは

　連結会計*とは、親会社と子会社の関係や、従属関係にある会社を1つの会社と考えて、財務状況や経営状況を報告するための会計手続きのことです。そのために作成するのが、**連結財務諸表**です（図1）。上場している会社で必要な財務諸表となります。

　1つの会社と見なすため、親会社と子会社間の会計取引を内部取引と見なして、相殺*した財務諸表を作ります。

　親会社が子会社に商品10万円を販売した例をもとに説明します。親会社の仕訳は、下記のようになります。

[借方]売掛金10万円／[貸方]売上10万円

　また、子会社の仕訳は、下記のようになります。

[借方]仕入10万円／[貸方]買掛金10万円

　連結財務諸表では、これを相殺します。例えば、次ページのように仕訳します。この仕訳を入れることで、会計取引としてはなかったことになります。

---

* **連結会計**……親会社、子会社を1つの会社として財務諸表を作る会計のこと。「連結決算」と言うこともある。証券取引所に上場している会社は、有価証券報告書の中に連結財務諸表の報告が求められている。
* **相殺**……実際には「消去」と言う。親会社、子会社の取引がなかったことにする。例えば、親会社の売掛金と子会社の買掛金を反対仕訳で消去することがある。

[借方]売上　　10万円／[貸方]仕入 10万円
[借方]買掛金 10万円／[貸方]売掛金 10万円

　実際には、原価の販売ではなく、利益を乗せて販売する場合の**未実現利益**の処理や、在庫の調整、資本金の相殺、子会社の持分割合などによって、もう少し仕訳が必要となります。

　例えば、子会社が親会社に利益を含めた金額で商品を販売しましたが、親会社では、その商品が期末日において販売されずに在庫として残っていた場合、子会社が販売した商品金額の利益部分が未実現利益となります。

図1　連結会計

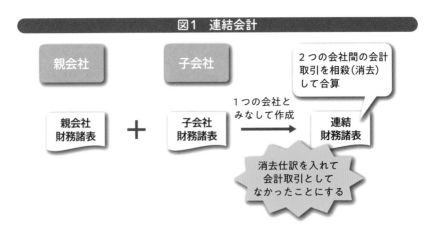

8　税効果会計

● 会計基準と税法基準の認識の違いを埋める会計
● 税引後利益を正しく表示することで投資家などの投資判断に役立つ
● 上場企業や大企業に適用

税効果会計とは

　税効果会計を簡単に説明すると、**会計基準**と**税法基準**の認識の違いを埋める会計です。**法人税**の前払い、後払い的な会計処理となり、上場企業や大企業に適用されます（少し難しい処理なので、現時点で必要がない方は飛ばして、必要になったらもう一度、学び直してください）。

　株主などの外部への報告は、日本の会計基準で行うため、この基準で計算した**税引後利益***を正しく表示することで、投資家などが正確な投資判断ができるようになります。

　税法では、会計基準で計算した**税引前利益***に税法上の益金・損金をプラスマイナスして課税所得*を求め、この課税所得に税率をかけて法人税を計算します。しかし、最終的に「会計基準で求めた利益」と「税法基準で求めた利益（課税所得）」が一致しないことがあり、この差異を税法に合わせるための調整処理が税効果会計になります。

　例えば、次の図1を使って説明します。損益計算書の「収益10万円 − 費用7万円」で計算した税引前利益3万円をもとに、税法に沿って加算・減算し（ここでは加算が1万円、減算は0）、求めた課税所得が4万円になります。

---

* **税引後利益**……3-10節「損益計算書の構造」を参照。
* **税引前利益**……3-10節「損益計算書の構造」を参照。
* **課税所得**……法人税を計算する時の元になる金額のこと。

図1　税効果会計①（単位：千円）

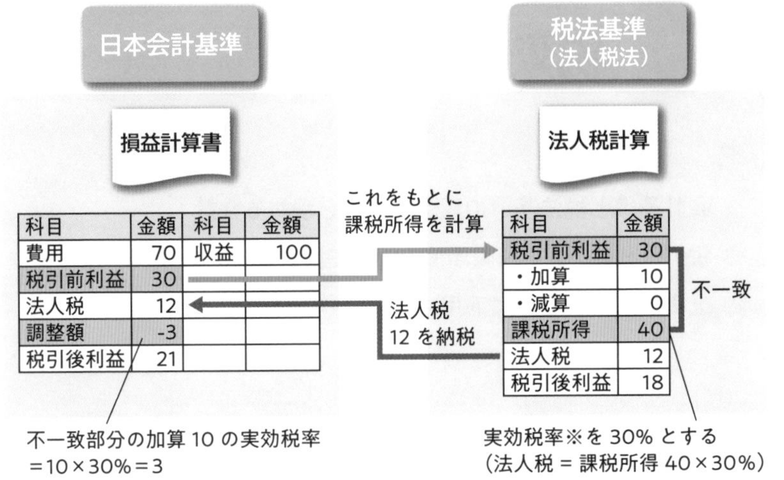

日本会計基準

損益計算書

科目	金額	科目	金額
費用	70	収益	100
税引前利益	30		
法人税	12		
調整額	-3		
税引後利益	21		

これをもとに
課税所得を計算

法人税
12 を納税

税法基準
（法人税法）

法人税計算

科目	金額
税引前利益	30
・加算	10
・減算	0
課税所得	40
法人税	12
税引後利益	18

不一致

不一致部分の加算 10 の実効税率
＝10×30％＝3

実効税率※を 30％ とする
（法人税＝課税所得 40×30％）

　それに実効税率*を、例えば30％として計算すると1万2,000円になり、当期の法人税として1万2,000円を納税します。さらに、この結果から税法基準の税引後の利益を計算すると、1万8,000円になります。

　不一致部分の一時差異*1万円に、実効税率の30％をかけて計算すると、調整額は3,000円となります。日本の会計基準の損益計算書にこれを加味すると、税引後の利益は2万1,000円となります。最終的に、この税効果会計を取り入れた損益計算書を外部に公表します。

　なお、会計と税法の認識の違いの例として、貸倒引当金*などの各種引当金、耐用年数などの違いによる減価償却、固定資産の減損などがあります。

税効果会計の例

　もう少し、税効果会計なしの場合と、税効果会計ありの場合の損益計算書をそれぞれ比較して確認してみましょう（図2）。

●税効果会計なし

　「1万2千円 ÷ 3万円 × 100」で計算すると、実効税率が40％となり、正しい税引後利益に見えません。

＊**実効税率**……会社の実質的な税金（法人税、法人住民税、事業税など）の負担率のこと。

＊**不一致部分の一時差異**……会計基準に沿って計算した法人税額と、法人税上の規定に沿って計算した法人税額との差異の金額のこと。

＊**貸倒引当金**……得意先に対する売掛金が、将来、回収できない事態の発生を想定して、売掛金の残高の数％を引き当てておく時に使用する勘定科目。

● 税効果会計あり

　法人税と調整額を合わせた「9,000円÷税引前利益3万円×100」で実効税率を計算すると30%になるので、正しい税引後利益に見えます。また、税引後利益は2万1,000円で、税効果会計をしなかった時より増えています。株主や銀行などに説明しやすい損益計算書となります。なお、調整額は、下記のように仕訳します。

[借方]繰延税金資産 3,000円／[貸方]法人税等調整額 3,000円

　借方の繰延税金資産*は、貸借対照表の資産グループに属する勘定科目です。貸方の法人税等調整額は、損益計算書の勘定科目です。この借方の繰延税金資産は、将来減算一時差異とも呼ばれるもので、将来の法人税が減る時に使用します。

　例題は、税法基準の課税所得が会計基準の税引前利益より大きいケースでしたが、逆のケースでは繰延税金資産の代わりに繰延税金負債*を使用します。この繰延税金負債は、貸借対照表の負債グループに属する勘定科目で将来加算一時差異とも呼ばれ、将来の法人税が増える時に使用します。

図2　税効果会計②（単位：千円）

【税効果会計あり】

実効税率（9÷30×100）が30%になり、税引後利益が正しく見える

科目	金額	科目	金額
費用	70	収益	100
税引前利益	30		
法人税	12		
調整額	-3		
税引後利益	21		

（法人税12と調整額-3で）9

【税効果会計なし】

実効税率（12÷30×100）が40%になり、税引後利益が正しく見えない

科目	金額	科目	金額
費用	70	収益	100
税引前利益	30		
法人税	12		
調整額	0		
税引後利益	18		

* **繰延税金資産**……会計基準に基づいて計算した税金（法人税等）より、法人税法に基づいて計算した税金（法人税）の方が多くなった場合に使う勘定科目で、資産勘定の1つ。

* **繰延税金負債**……会計基準に基づいて計算した税金（法人税等）より、法人税法に基づいて計算した税金（法人税）の方が少なくなった場合に使う勘定科目で、負債勘定の1つ。

9 企業会計原則

- 日本の会計基準の元となっているのが企業会計原則
- 拘束力はないが、どの会社でも会計上、順守すべき原則である
- 一般原則、損益計算書原則、貸借対照表原則、企業会計原則注解で構成されている
- 7つの一般原則がある

企業会計原則とは

日本の会計基準の元となっている**企業会計原則**を理解しておきましょう（図1）。

企業会計原則は、会社の実務で慣習として使われてきた中から、一般に公正妥当と認められる基準を要約したものと言われています。

1949年（昭和24年）に現在の金融庁が公表したもので、財務諸表の作成において守るべき原理原則とされています。ただし、法令ではないので法的拘束力はありませんが、大企業、中小企業を問わず、どの会社でも会計上、順守すべきものであり、財務諸表を作成する場合は、この原則を頭に入れておいて作成する必要があります。

企業会計原則は、下記の4つの原則から構成されています。なお、キャッシュフロー計算書についての原則はありません。

- 一般原則
- 損益計算書原則
- 貸借対照表原則
- 企業会計原則注解

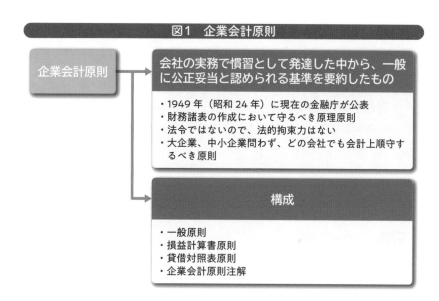

図1　企業会計原則

企業会計原則

会社の実務で慣習として発達した中から、一般に公正妥当と認められる基準を要約したもの

・1949年（昭和24年）に現在の金融庁が公表
・財務諸表の作成において守るべき原理原則
・法令ではないので、法的拘束力はない
・大企業、中小企業問わず、どの会社でも会計上順守するべき原則

構成

・一般原則
・損益計算書原則
・貸借対照表原則
・企業会計原則注解

7つの一般原則

　企業会計原則の中には、下記の7つの一般原則があります（表1）。これらをもとに、会計処理を行っていく必要があります。

● 真実性の原則

　財務諸表などに虚偽の記載がないことを規定しています。

● 正規の簿記の原則

　複式簿記を使って正しく会計帳簿を作ることを規定しています。また、この中で重要性が乏しいものは、それなりの会計処理でよいと言っています。

● 資本取引と損益取引区分の原則

　増資などの資本取引と、利益に関する損益取引を区別して会計処理することを規定しています。

● 明瞭性の原則

　利害関係者が理解しやすい決算書を作成して報告することを規定しています。

● 継続性の原則

特段の理由がない限り、一度採用した会計方針は継続して適用すること
を規定しています。

● 保守主義の原則

利益は確実なもの、損失は不確実でも予測できるものは早めに計上する
ように規定しています。

● 単一性の原則

二重帳簿、裏帳簿を作らないように規定しています。

表1 7つの一般原則

7つの一般原則	意味	備考
真実性の原則	企業会計は、企業の財政状態及び経営成績に関して、真実な報告を提供するものでなければならない。	虚偽がないこと
正規の簿記の原則	企業会計は、すべての取引につき、正規の簿記の原則に従って、正確な会計帳簿を作成しなければならない。	複式簿記で会計帳簿を作成すること、重要性の原則含む
資本取引と損益取引区分の原則	資本取引と損益取引とを明瞭に区別し、特に資本剰余金と利益剰余金とを混同してはならない。	資本取引と損益取引を区別すること
明瞭性の原則	企業会計は、財務諸表によって、利害関係者に対し必要な会計事実を明瞭に表示し、企業の状況に関する判断を誤らせないようにしなければならない。	利害関係者が理解しやすい決算書の作成
継続性の原則	企業会計は、その処理の原則及び手続を毎期継続して適用し、みだりにこれを変更してはならない。	特段の理由がない限り、一度採用した会計方針は継続して適用
保守主義の原則	企業の財政に不利な影響を及ぼす可能性がある場合には、これに備えて適当に健全な会計処理をしなければならない。	利益は確実なものを、損失は不確実でも予測できるものは早めに計上
単一性の原則	株主総会提出のため、信用目的のため、租税目的のため等種々の目的のために異なる形式の財務諸表を作成する必要がある場合、それらの内容は、信頼しうる会計記録に基づいて作成されたものであって、政策の考慮のために事実の真実な表示をゆがめてはならない。	二重帳簿、裏帳簿禁止

10 主な3つの損益計算書原則

● 損益計算書原則には、主に発生主義の原則、総額主義の原則、費用収益対応の原則の3つがある

主な3つの損益計算書原則

　企業会計原則の中に、損益計算書原則と貸借対照表原則があります。その損益計算書原則の中に、損益計算書を作成する場合に守るべき下記の3つのルールがあります（表1）。それぞれをもう少し詳しく見ていきましょう

● 発生主義の原則

　発生した会計年度に正しく計上し、未実現の収益は計上しないように規定しています。

● 総額主義の原則

　収益と費用は相殺せず、総額で表示するように規定しています。IFRSとの関連で説明すると、自社が当事者の場合は総額表示でもOKですが、代理人を使用している場合は純額表示が求められています。

● 費用収益対応の原則

　売上と売上原価を対応させて損益計算書を作成するように規定しています。

表1 主な3つの損益計算書原則

主な3つの原則	意味	備考
発生主義の原則	すべての費用及び収益は、その支出及び収入に基づいて計上し、その発生した期間に正しく割当てられるように処理しなければならない。ただし、未実現収益は、原則として、当期の損益計算に計上してはならない。	発生した会計年度に正しく計上すること
	前払費用及び前受収益は、これを当期の損益計算から除去し、未払費用及び未収収益は、当期の損益計算に計上しなければならない。	未実現の収益は計上しないこと
総額主義の原則	費用及び収益は、総額によって記載することを原則とし、費用の項目と収益の項目とを直接に相殺することによってその全部又は一部を損益計算書から除去してはならない	相殺しないこと
費用収益対応の原則	費用及び収益は、その発生源泉に従って明瞭に分類し、各収益項目とそれに関連する費用項目とを損益計算書に対応表示しなければならない。	収益と費用を対応させること

11 発生主義と現金主義、実現主義

🖉ワンポイント

- 発生主義は、費用を発生した月（会計年度）に正しく会計処理をする
- 現金主義は、費用の計上を現金の受け取りや支払いがなされた時に会計処理をする
- 実現主義は、収益を発生した月（会計年度）に正しく会計処理をする

発生主義と現金主義

　費用の会計伝票を起票する際に、発生主義と現金主義のどちらにするかで、毎月の会計伝票の処理が変わってきます。

● 発生主義

　企業会計原則の発生主義の原則として、損益計算書原則の中に書かれています。発生した月（会計年度）に正しく費用などを計上する考え方です。

● 現金主義

　現金の受け取りや支払いがなされた時点で、会計処理をする考え方です。

　例題をもとに考えて見ましょう（図1）。

（A）仕入先からの個別の納品書や請求書をもとに行う
（B）クレジットカード会社からの請求明細を見ながら、引き落とされたら行う

　（A）が発生主義、（B）が現金主義になります。ただし、実務では金額の大小にもよりますが、月々の費用計上は現金主義で行い、決算月だけ発生主

義で行っている会社が多いと思います。この場合、決算月に未払計上を行い、翌月は未払から支払います。

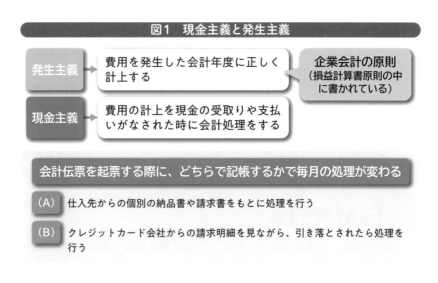

図1 現金主義と発生主義

| 発生主義 | → | 費用を発生した会計年度に正しく計上する | → | **企業会計の原則**（損益計算書原則の中に書かれている） |

| 現金主義 | → | 費用の計上を現金の受取りや支払いがなされた時に会計処理をする |

会計伝票を起票する際に、どちらで記帳するかで毎月の処理が変わる

(A) 仕入先からの個別の納品書や請求書をもとに処理を行う

(B) クレジットカード会社からの請求明細を見ながら、引き落とされたら処理を行う

実現主義について

　もう1つ、実現主義による会計処理の例を見てみましょう。3月決算の会社で、来年度サービス提供予定の保守料1万2,000円が3月31日に入金になったケースです（表1、表2）。

　当期に1万2,000円が入金になりましたが、サービスの提供は来期であり、3月31日時点で役務*の提供が行われていないので、これを売上に計上することはできません。前受金または前受収益として計上しておきます。

　そして4月以降、役務の提供が完了した都度、前受金（前受収益） 1,000円を売上に計上していきます。

表1 1年間の役務提供予定の例（単位：円）

	当期	来期												
勘定科目	3/31	4月	5月	6月	7月	8月	9月	10月	11月	12月	1月	2月	3月	計
前受金	12,000	-1,000	-1,000	-1,000	-1,000	-1,000	-1,000	-1,000	-1,000	-1,000	-1,000	-1,000	-1,000	0
売上高		1,000	1,000	1,000	1,000	1,000	1,000	1,000	1,000	1,000	1,000	1,000	1,000	12,000

＊ **役務**……例えば、コンサルティングサービスとか、修理などのモノではない人的サービスのこと。

表2 売上計上予定日の例（単位：円）

3/31	預金	12,000	／前受金（前受収益）	12,000
4/30	前受金（前受収益）	1,000	／売上高	1,000
5/31	前受金（前受収益）	1,000	／売上高	1,000
6/30	前受金（前受収益）	1,000	／売上高	1,000
7/31	前受金（前受収益）	1,000	／売上高	1,000
8/31	前受金（前受収益）	1,000	／売上高	1,000
9/30	前受金（前受収益）	1,000	／売上高	1,000
10/31	前受金（前受収益）	1,000	／売上高	1,000
11/30	前受金（前受収益）	1,000	／売上高	1,000
12/31	前受金（前受収益）	1,000	／売上高	1,000
1/31	前受金（前受収益）	1,000	／売上高	1,000
2/28	前受金（前受収益）	1,000	／売上高	1,000
3/31	前受金（前受収益）	1,000	／売上高	1,000
	前受金計	12,000	売上高計	12,000

　このように、収益については、役務の提供が完了している、または商品の販売であれば、出荷済み、納品済み、そして工事などのケースでは、得意先が検収済みといった実現したことをもとに計上するルールになっています。このことを実現主義と言います。

コラム　グループ通算制度

　連結納税制度は廃止され、2022年4月1日以後、最初に開始する事業年度からグループ通算制度が利用できることになりました。従来、連結納税制度を利用する場合は、子会社をはじめ、関係する会社間の取引を相殺し、グループ全体の財務諸表を作成して、求めた利益などから法人税を計算していました。しかし、この処理が大変だったことから、グループ通算制度ができました。

　グループ通算制度では、親会社、子会社（100％子会社）とも、それぞれで財務諸表を作成します。そして、それぞれの個社で計算した課税所得に対して損益を通算し、法人税を計算することができます。つまり、赤字の会社がある場合は、儲かっている会社に赤字部分を充当できるので、儲かっている会社の法人税をおさえることができます。

12 棚卸資産の在庫評価方法

✐ワンポイント

- 税務署に届け出をしなければ、最終仕入原価法になる
- コンピュータでは、移動平均がマッチしている
- 様々な棚卸資産の評価方法についても理解しておこう

棚卸資産の評価方法

財務諸表の棚卸資産*の在庫金額を確定させる方法として、**在庫評価**があります。在庫評価は、管轄の税務署に提出している棚卸資産の評価方法によって評価します。

日本では、**原価法**と**低価法**が認められています。原価法は、在庫として残された棚卸資産の取得原価を算定し、その取得原価に基づいて棚卸資産の評価を行う方法です。低価法は、原価法によって計算した価格と、時価のうちのいずれか低いほうを取得原価として評価する方法です。

また、原価法と低価法のどちらも、下記の評価方法があります（図1）。これらの在庫の評価方法が、コンピュータを利用する場合に検討課題となることがありますので、それぞれ確認しておきましょう。

● 個別法

仕入れた商品の取得価額を原価として、それぞれ個々に評価する方法です。宝石や販売用土地などの評価で使用します。

● 先入れ先出し法*

商品を仕入れた順に出荷したものとして、残っている商品の期末簿価を計算する方法です。なお、後入れ先出し法ですが、後から仕入れた商品を先に出荷したものとして、残っている商品の期末簿価を計算する方法です。

---

* **棚卸資産**……在庫管理が必要な勘定科目のこと。例えば、商品、製品、半製品、仕掛品、原材料などのこと。
* **先入れ先出し法**……英語では、FIFO（First In First Out）と言う。

ただし、この評価方法は、IFRSなどとの調整から現在は認められていません。

● 総平均法

月総平均法として、使っている会社も多いと思います。計算式は、「（前月在庫金額 ＋ 当月仕入金額）÷（前月在庫数量 ＋ 当月仕入数量）」で計算して平均の原価を求めます。これに在庫数量をかけて月末（期末）簿価を求める方法です。この方法の場合、翌月にならないと1個の原価が確定しませんので、売上原価や棚卸資産の数字の確定が遅れることになります。SAPでは、品目元帳＊を使用することで月総平均に対応しています。

● 移動平均法

商品を仕入れた都度、その商品の数量と金額を、その時点の在庫数量と在庫金額を加えて平均単価を計算する方法です。コンピュータ処理に向いている方法です。

● 最終仕入

最後に仕入れた商品の仕入単価をもとに、在庫数量をかけて、帳簿金額＊を計算する方法です。税務署に届け出をしていない会社は、この方法が税務上の棚卸評価方法となります。ただし、最終仕入は、上場企業では認められません。

● 売価還元法

残っている商品の売価に原価率、具体的には「受入原価合計 ÷ 受入売価合計」で計算した、原価率をかけて商品の在庫金額を計算する方法です。百貨店、スーパーなどで使用しています。

＊ **品目元帳**……実際原価計算用に使われる。
＊ **帳簿金額**……総勘定元帳上や貸対照表上の原材料、商品、製品、半製品などの月末（期末）日などの在庫金額のこと。

図1　棚卸資産の在庫評価方法

【原価法と低価法】

原価法	低価法
・個別法 ・先入先出法 ・後入先出法 ・総平均法 ・移動平均法 ・最終仕入 ・売価還元法	・個別法 ・先入先出法 ・後入先出法 ・総平均法 ・移動平均法 ・最終仕入 ・売価還元法

【計算式の例】

総平均法	（前月在庫金額＋当月仕入金額）÷（前月在庫数量＋当月仕入数量）
移動平均法	（今回仕入金額＋今現在の在庫金額）÷（今回仕入数量＋今現在の在庫数量）

第 3 章

FI（財務会計）

第3章では、FIの財務会計について学びます。SAPの総勘定元帳管理、債権管理、債務管理、固定資産管理のほか、財務諸表の構造（試算表、貸借対照表、損益計算書、キャッシュフロー計算書、株主資本等変動計算書）、会計処理方法（三分法、分記法、売上原価対立法）などについて学びます。

1 SAPでの財務会計の扱い方

● 財務会計用としてFIモジュールが用意されている

● 総勘定元帳管理、債権・債務管理、固定資産管理などから構成

● 親会社や子会社などを含めた複数会社処理、多言語、多通貨処理が可能

● 各国の会計基準、税などのローカルルールにも対応

● 自動仕訳で総勘定元帳へ転記

SAPの財務会計

SAPでは、財務会計用にFIモジュール*が用意されています。

モジュールは、特定の業務に関連する複数の機能をまとめたプログラムの集まりですが、FIモジュールの中に総勘定元帳管理、債権・債務管理、固定資産管理などが用意されており、1つの環境の中で、親会社や子会社などを含めた複数会社の処理ができます。つまり、グループ各社の会計情報も含めて一元管理することができます。この時、共通の勘定科目コードを使うことが推奨されており*、グループ全体の数字を把握する時に有効です（図1）。そのほか、得意先や仕入先、固定資産などのコード化も必要になります。

また、会社ごとに決算期を設定できたり、いろいろな国々にいるユーザーや取引先とのやり取りを可能にするために、多言語と多通貨が扱えるようになっています。各国の会計基準、税などのローカルルールにも対応しています。さらに外貨を扱う場合は、為替レートのマスタ管理も行えるようになっていたり、自動発番する会計伝票の番号範囲なども設定できるようになっています。

SAPは、取引の発生場所からデータを自動仕訳で財務会計につなげるこ

---

* FIモジュール……FIは、Financial Accounting（財務会計）の略。

* 推奨されており……同じグループ会社同士（親会社、子会社など）が同じ勘定科目コード表を使用することで、グループ全体の数字が把握しやすくなる。

とでリアルタイム経営の実現を目指しており、自動仕訳のパターン作りが重要な作業になります。

図1　FI使用時に明確にしておくこと

複数会社処理
- 親会社
- 子会社 A
- 子会社 B …

コード化
- 共通勘定科目コード
- 得意先コード
- 仕入先コード
- 固定資産番号 …

決算期の設定
- 決算期を会社ごとに設定

多言語・多通貨
- 日本語　・英語
- JPY　　・EUR
- USD …

各国の会計基準
- 日本基準
- IFRS 基準 …

ローカルルール
- 消費税
- 源泉徴収税
- 減価償却
- 償却資産税 …

会計伝票番号
- 伝票種類ごとにダブらない番号範囲を設定

コラム　会計伝票番号について

　SAPでは会計伝票番号は、会計伝票の転記時に連番で自動採番されます。また、一度転記された会計伝票は削除できません。発生元で処理を取消して反対仕訳を発生させるか、反対仕訳機能等を使って対応します。反対仕訳の結果は、元の会計伝票にも記録されますので、どの伝票を誰がいつ、どの取消伝票で取消したのかの紐づき関係が分かる仕組みになっています。なお、会計伝票番号の連番管理を行っていますので、監査人などに対して、会計伝票番号の欠番の説明が不要になります。

2 FIモジュール

● FIモジュールの全体

● FIモジュールへのデータの流れ

FIモジュールの全体

FIモジュールは、主に財務会計に関係する業務処理をこなすためのもので、総勘定元帳管理、債権管理、債務管理、銀行管理、固定資産管理、特別目的元帳などのサブモジュールから構成されています（図1）。

図1　FIモジュールの全体

```
⊏ヨ財務会計
> ▢ 総勘定元帳
> ▢ 債権 ――――――― 得意先補助簿管理
> ▢ 債務 ――――――― 仕入先補助簿管理
> ▢ 銀行
> ▢ 固定資産管理
> ▢ 特別目的元帳
```

この中の銀行管理では、取引銀行の口座や銀行マスタなどの管理を行います。また、特別目的元帳は、自国と異なる通貨の元帳*や、ほかの会計基準用の元帳を作る場面などで使用します。

FIモジュールへのデータの流れ

基本的に、FIモジュール以外のMM（購買・在庫管理）モジュール*、PP（生産管理）モジュール*、SD（販売管理）モジュール*、HR（人事管理）モジュー

＊元帳……総勘定元帳のこと。
＊MM（購買・在庫管理）モジュール……MMは、Material Managementの略。
＊PP（生産管理）モジュール……PPは、Production Planningの略。
＊SD（販売管理）モジュール……SDは、Sales and Distributionの略。

ル＊などから会計データが流れてきます。つまり、データの発生場所で自動
仕訳を行い、その結果が会計伝票としてFIモジュールに入ってきます（図2）。

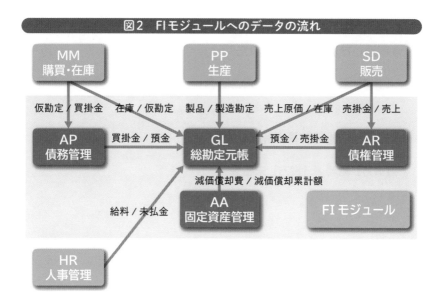

図2　FIモジュールへのデータの流れ

例えば、下記のような仕訳がFIモジュールに自動的に流れてきます。

● **在庫品の購買の場面で倉庫への入庫時**

　　［借方］在庫品／［貸方］仮勘定

● **仕入先からの請求書の受領・照合時**

　　［借方］仮勘定／［貸方］買掛金

● **得意先に販売した商品の出荷時**

　　［借方］売上原価／［貸方］在庫品

＊ **HR（人事管理）モジュール**……HR は、Human Resources の略。

● 得意先への請求書の発行時

　　［借方］売掛金／［貸方］売上

● 製造した製品を受け入れた時

　　［借方］製品／［貸方］製造勘定

● 社員への給与計算が完了した時

　　［借方］給料／［貸方］未払金

3 FIのサブモジュール

✎ ワンポイント

● FI-GL（総勘定元帳）サブモジュール

● FI-AR（債権管理）サブモジュール

● FI-AP（債務管理）サブモジュール

● FI-AA（固定資産管理）サブモジュール

FIのサブモジュール

FIモジュールの中のサブモジュールの概要を説明します（表1）。

● FI-GL*（総勘定元帳）サブモジュール

会計伝票入力、仕訳帳、総勘定元帳、試算表、財務諸表の作成機能を持っています。

● FI-AR*（債権管理）サブモジュール

債権計上および入金消込入力の機能や、得意先別の売掛金の明細、残高管理などの機能があります。

● FI-AP*（債務管理）サブモジュール

債務計上および支払消込入力の機能や、仕入先別の買掛金の明細、残高管理などの機能があります。

● FI-AA*（固定資産管理）サブモジュール

1つ1つの固定資産の取引管理を行うことができます。固定資産の取得、除却*、売却処理、減価償却計算、固定資産の台帳管理などの機能があります。

---

* **FI-GL**……GL は、General Ledger（総勘定元帳）の略。
* **FI-AR**……AR は、Accounts Receivable（売掛金）の略。
* **FI-AP**……AP は、Accounts Payable（買掛金）の略。
* **FI-AA**……AA は、Asset Accounting（固定資産）の略。
* **除却**……会社が持っている固定資産を廃棄すること。

表1 FIサブモジュールの概要

サブモジュール	名称	主な機能
FI-GL	総勘定元帳	会計伝票入力、仕訳帳、総勘定元帳、試算表、財務諸表の作成
FI-AR	債権管理	債権計上・入金消込入力、得意先別の売掛金の明細、残高管理
FI-AP	債務管理	債務計上・支払消込入力、仕入先別の買掛金の明細、残高管理
FI-AA	固定資産管理	固定資産の取得・除却・売却、減価償却、固定資産台帳管理

次節以降で、FIのサブモジュールについて、もう少し詳しく見ていきます。

4 FI-GLサブモジュール

● すべての会計取引は仕訳帳に記入されている

● 仕訳帳から勘定科目別に会計取引が総勘定元帳に転記されている

● 総勘定元帳、試算表をもとに財務諸表を作成する

総勘定元帳管理

　FI-GL(総勘定元帳)サブモジュールでは、会計伝票の入力から仕訳帳、総勘定元帳、試算表、財務諸表の作成といったプロセスを持っています。

　仕訳帳には、事業年度内に発生したすべての会計取引を漏れなく記帳し、それをもとに勘定科目別に総勘定元帳を作成して、勘定科目別の会計取引の明細と残高を管理します。毎月また毎事業年度ごとに総勘定元帳から試算表を作成し、例えば、「現金、預金などの通帳の残高と試算表上の残高が合っているか?」「勘定科目の転記漏れがないか?」等々をチェックします。

　確認して問題がなければ、試算表をもとに貸借対照表や損益計算書などの財務諸表を作成し、会社の財政状態や経営成績を外部へ報告します(図1)。

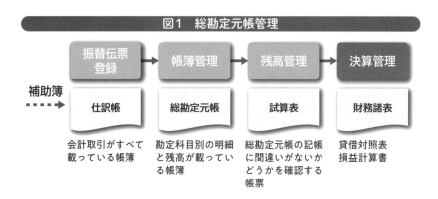

図1　総勘定元帳管理

5 FI-ARサブモジュール

📎 ワンポイント

● 得意先にツケで販売した代金を管理する

● 明細単位に管理し、その明細を入金消込していく

● 得意先別の補助元帳や、得意先別の残高リストなどを使って管理する

● 得意先に対して残高確認書を発行することがある

売掛金管理

　FI-AR(債権管理)サブモジュールでは、得意先に商品などをツケで販売した代金を明細単位で記録し、その代金をきちんともらったかどうかを管理します。

　通常、SAPでは、SD(販売管理)モジュールから自動仕訳で、次の仕訳が請求の都度、転記されます。

　[借方]売掛金／[貸方]売上

　もし、それ以外の債権、例えば固定資産の売却代金などを未収入金として計上したい場合は、売掛金管理の中で会計伝票を登録することもできます。

　販売代金を回収したら、まず「どの得意先からの入金分なのか」を銀行の通帳や入金データなどをもとに判断します。そして、「まだもらっていないツケの明細のどの分が入金になったのか」を調べて入金消込を行います。SAPでは、入金消込処理を行うと、次の仕訳が自動仕訳されます。

　[借方]預金／[貸方]売掛金

　請求金額と入金金額が一致している場合は問題ありませんが、請求した金額と異なる金額が入金になることがあります。その場合は、差額の原因を調べて、例えば、振込手数料分の差額だとしたら、これを振込手数料として自動仕訳できます。

　帳簿や帳票として得意先別の補助元帳や、得意先別の未決済明細、得意先別の残高リストがあります。これらを使って売掛金の管理を行います。なお、売掛金管理の中に、未収入金や前受金、受取手形なども含めて管理できます（図1）。

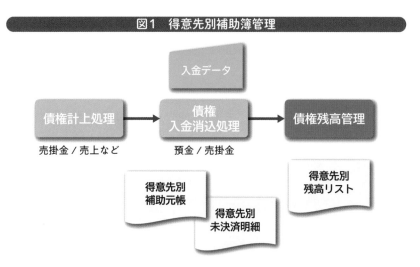

図1　得意先別補助簿管理

　ツケの代金がいつ入金になるのか入金予定表やエイジングリスト＊などを使って把握します。また、入金予定日を過ぎてもまだ得意先からツケの代金をもらえていない場合は、督促状を出して、早急に回収します（図2）。

　株式を上場している会社では、年に1～2回、当社の売掛金残高が仕入先の買掛金残高と一致しているかどうかを確認するために、残高確認書を作成して得意先に送付することがあります。

＊**エイジングリスト**……得意先に商品を販売してから何日、何ヵ月経過しているかを一覧にした表のこと。「得意先別売掛金年齢表」とも言う。

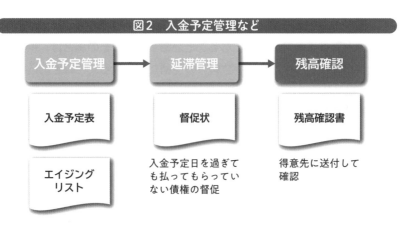

図2　入金予定管理など

入金予定管理　→　延滞管理　→　残高確認

入金予定表　　　督促状　　　　残高確認書

エイジング
リスト

入金予定日を過ぎて
も払ってもらってい
ない債権の督促

得意先に送付して
確認

コラム **ERPシステムでは自動仕訳は必須**

　ERPシステムでは、取引の発生場所で会計仕訳を自動仕訳する仕組みになっています。商品を仕入れた時、仕入先から請求書を受け取った時、代金を支払った時、得意先に商品を出荷した時、得意先に請求書を発行した時、代金を回収した時などの場面で自動仕訳を行っています。この自動仕訳の仕組みなどを使って、リアルタイムに経営情報を提供しています。

6 FI-APサブモジュール

ワンポイント

● 仕入先からツケで仕入れた代金を管理する

● 明細単位に管理し、その明細を支払消込していく

● 仕入先別の補助元帳や、仕入先別の残高リストなどを使って管理する

● FBデータを使って仕入先に振込支払ができる

買掛金管理

　FI-AP(債務管理)サブモジュールでは、仕入先から商品などをツケで仕入れた代金を明細単位で記録し、支払ったかどうかを管理します。通常、SAPでは、MM(購買・在庫管理)モジュールから自動仕訳で、仕入先から請求書をもらって照合処理をした時に、次の仕訳が転記されます。

　[借方]仕入／[貸方]買掛金

　もし、それ以外の債務、例えば消耗品などの経費を未払計上する場合は、買掛金管理の中で会計伝票を登録することもできます。仕入代金は、当社の支払条件に基づいて個別に仕入先の買掛金の支払消込処理を行います。この時に、次の仕訳が自動仕訳されます。

　[借方]買掛金／[貸方]預金

　帳簿や帳票として、仕入先別補助元帳や、仕入先別未決済明細、仕入先別残高リストがあります(図1)。これらを使って買掛金の管理*を行います。

＊**買掛金の管理**……未払金や前払金、支払手形なども含めて管理できる。

「ツケの代金をいつ支払うのか？」は、支払金予定表やエイジングリストなどを使って把握します。

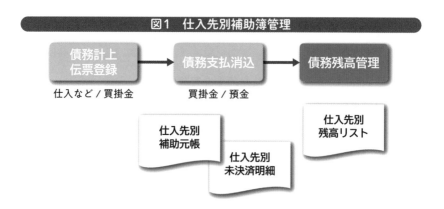

図1　仕入先別補助簿管理

また、SAPでは、仕入代金を自動支払処理機能を使って、まとめて支払消込ができます。当社の支払条件に基づいて、計上済みの買掛金の会計取引の中から対象の支払予定日の買掛金を抽出し、仕入先別にまとめて支払いをします。振り込む前に、振込支払リストなどを作成して仕入先別の支払金額を確認します。

支払いデータは、全銀協フォーマット＊のFBデータ＊として出力し、銀行のネットバンキングを通して仕入先に支払いします(図2)。この時、次のように自動仕訳されます。

[借方]買掛金／[貸方]預金

なお、振込手数料を相手負担とする場合は、銀行別振込金額別の手数料をパラメータとして設定しておく必要があります。

＊ **全銀協フォーマット**……全銀プロトコル（企業・銀行間のデータ交換手順）でデータ伝送を行うために、全国銀行協会が定めたファイルフォーマットのこと。

＊ **FBデータ**……Firm Banking データの略。銀行を経由して得意先や仕入先にお金を送金する場合に作成するデータのこと。

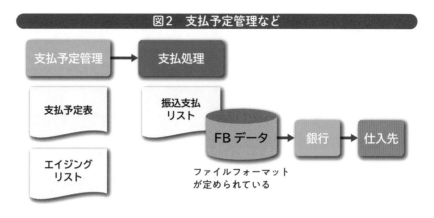

図2　支払予定管理など

コラム　会計伝票の反対仕訳について

　SAPでは、転記済みの会計伝票番号を使って反対仕訳を起こすことができます。トランザクションコードは『FB08』を使用します。反対仕訳する元の会計伝票番号、会社コード、会計年度、反対仕訳理由などを入力します。反対仕訳を転記する前に、元の会計伝票の仕訳内容を照会することができます。得意先、仕入先が関係する会計伝票で、既に入金消込済みや支払消込済みの会計伝票を取消す場合は、トランザクションコードの『FBRA』（消込済明細再登録）を使って行います。このとき、[再登録と反対仕訳]を選択して実行します。

7 FI-AAサブモジュール

● 自社で使用する10万円以上の資産は固定資産扱いになる

● 固定資産プロセスを理解しよう

● 減価償却費の計算方法を理解しよう

自社で使用する10万円以上の資産は固定資産扱い

日本の税法では、ざっくり10万円*以上のモノを購入した場合、その全額を取得した会計年度の費用として計上できません（表1）。その理由は、その取得した**固定資産**は、複数の会計年度にまたがって使われるものだから、その使える期間（耐用年数）に按分*して費用化すべきだという考えに基づいています。

表1 原則的に10万円以上の資産は、固定資産扱いとなる

取得価額	扱い	減価償却方法
30万円以上	通常の固定資産となる	定率法、定額法等に基づく減価償却計算が必要
10万～30万円未満	少額減価償却資産	定率法、定額法等に基づく減価償却計算が必要。ただし、中小企業の場合、特例（例えば、従業員500人以下）で年間取得価額300万を限度として全額費用計上が可能
10万～20万円未満	一括償却資産	3年間均等償却（1/3ずつ償却）。ただし、中小企業の場合、特例（例：従業員500人以下）で年間取得価額300万を限度として全額費用計上が可能
10万円未満	固定資産としない	全額費用計上が可能

＊**10万円**……実際には、表1のようなもう少し細かいルールがある。

＊**按分**……固定資産の取得価額を税務署が定めた固定資産の耐用年数で割って、1事業年度あたりの減価償却費を求めること。

　固定資産とする条件ですが、原則は取得価額が10万円以上で、複数年に渡って自社で使用する有形・無形のモノ、ソフトウェアなどとなっています。固定資産の例として、土地、建物、構築物、機械装置、工具器具備品、ソフトウェアなどがあります。パソコンなどは、工具器具備品となります。

　固定資産として計上したモノを費用化する方法ですが、基本は**減価償却**^{げんかしょうきゃく}という方法で費用化します。

　ただし、土地など減価償却しないものもあります。償却率は、下記の**定額法**や**定率法**などの税法で定められています。

● 定額法

　時の経過とともに同じペースで劣化していくという考え方に基づいて、耐用年数の期間、同じ金額を費用化していきます。

● 定率法

　新品のうちは故障も少なく、稼働効率も良いという考え方に基づいて、早い期間に多く費用化をしていきます。

　日本では、税務署が公開している耐用年数別の償却率を使用することになります。耐用年数は、固定資産の種類別に税法で定められています。残存価額※ですが、取得価額を全部償却、つまり0円とするか、1円残すかなどを設定します。このあたりは、税法の改正とともに少し複雑になっています(図1)。

※**残存価額**……固定資産の耐用年数が経過したあとの帳簿上の固定資産の簿価をいくらにするかという金額のこと。

図1　固定資産の概要

固定資産とする条件（原則）

・10万円以上、複数年にわたって使用する有形・無形のモノ、ソフトウェアなど
・例えば、土地、建物、構築物、機械装置、工具器具備品など

費用化する方法

・減価償却（土地など減価償却しないものもある）→直接法と間接法いずれか
・償却率が定められている→定額法、定率法など

耐用年数

・固定資産の種類別に税法で定められている

残存価額

・0円、1円

その他

・除却、売却
・減損、資産除去債務などあり

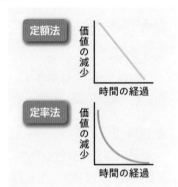

固定資産プロセス

　FI-AA（固定資産管理）サブモジュールのプロセスですが、一般的に**1**固定資産の取得→**2**除却・売却→**3**減価償却計算→**4**固定資産台帳の作成という流れになります（図2）。

　これらのプロセスにおける仕訳について、もう少し補足します。

1 固定資産の取得

　固定資産の取得は、一般的に購買部門が仕入先に発注することから、購買プロセスの中で行われることが多いです。その場合は、次のように仕訳します。

　［借方］建設仮勘定／［貸方］買掛金*

＊ **買掛金**……SAPでは購入先の「仕入先」を入力して計上する。

そして、固定資産を取得したら、次のように仕訳します。

[借方]固定資産／[貸方]建設仮勘定

2 除却・売却

固定資産が不要になり、除却・売却する際の会計仕訳は、下記のように
なります。

● 除却の場合

[借方]減価償却累計額／[貸方]固定資産
　　　固定資産除却損

● 売却で売却益が出る場合

[借方]未収入金　　　　／[貸方]固定資産
　　　減価償却累計額　　　　固定資産売却益

● 売却で売却損が出る場合

[借方]未収入金　　　　／[貸方]固定資産
　　　減価償却累計額
　　　固定資産売却損

なお、未収入金は、売却金額を計上しておき、売却先から入金になった
時に未収入金を消込します。

3 減価償却計算

　固定資産マスタに登録してある定額法や定率法などの償却方法、耐用年数、償却限度額などの情報をもとに、減価償却計算を行います。また、事業年度単位、例えば3月決算の会社ならば、4月から翌年3月までの固定資産の取得、除却、売却などの取引を考慮して行います。計算結果を減価償却費として計上します。

　仕訳方法として、直接法*と間接法*があります。直接法は、減価償却費の相手勘定科目を対象の固定資産勘定科目とします。間接法の場合は、相手勘定科目を減価償却累計額とします。間接法の場合は、次のような仕訳になります。

[借方]減価償却費／[貸方]減価償却累計額

　また、その他、減損、資産除去債務計上などの処理があります。実務では、会計基準と税法基準別に減価償却費を計算し、その差額の分析や、減価償却費を予測することで、将来のキャッシュフローなどに利用します。

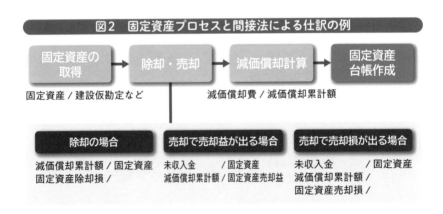

図2　固定資産プロセスと間接法による仕訳の例

| 固定資産の取得 | → | 除却・売却 | → | 減価償却計算 | → | 固定資産台帳作成 |

固定資産／建設仮勘定など　　　　　　　　　減価償却費／減価償却累計額

除却の場合	売却で売却益が出る場合	売却で売却損が出る場合
減価償却累計額／固定資産 固定資産除却損／	未収入金　　　／固定資産 減価償却累計額／固定資産売却益	未収入金　　　　／固定資産 減価償却累計額／ 固定資産売却損／

＊**直接法**……減価償却費の相手科目として、固定資産の勘定科目を使用する方法。

＊**間接法**……減価償却費の相手科目として、固定資産の勘定科目とは別に、減価償却累計額という勘定科目を用意して、これを使用する方法。

固定資産の減価償却

固定資産の減価償却を例題をもとに解説しましょう（表2）。32万円のパソコンを1台、現金で購入し、耐用年数は4年、定額法（税率：0.250）、残存価額0円、直接法で償却するという例題です。

まず取得時の仕訳は、次のようになります。

[借方]工具器具備品 32万円／[貸方]現金 32万円

減価償却費の計算ですが、定額法4年の税率は0.250ですので、取得額の32万円に税率の0.250をかけて計算すると、年間8万円になります。また、単純に32万円を4年で割って計算しても年間8万円の減価償却費になります。

購入した会計年度をX年度とすると、X年度、X＋1年度、X＋2、X＋3年度の4年間、毎年8万円の減価償却費を計上することになります。この仕訳は、次のようになります。

[借方]減価償却費 8万円／[貸方]工具器具備品 8万円

表2 固定資産の減価償却計算の例（単位：円）

会計年度	減価償却費の直接法による会計仕訳例	
X	[借方]減価償却費 80,000 ／[貸方]工具器具備品 80,000	
X＋1	[借方]減価償却費 80,000 ／[貸方]工具器具備品 80,000	
X＋2	[借方]減価償却費 80,000 ／[貸方]工具器具備品 80,000	
X＋3	[借方]減価償却費 80,000 ／[貸方]工具器具備品 80,000	
合計償却額	320,000	320,000

また、間接法の場合は、貸方の工具器具備品を減価償却累計額として仕訳します。なお、実務では、年額を12分の1にして月別に計上することが多いです。

8 残高試算表の構造

✎ ワンポイント

● 左側に資産グループ、費用グループを配置

● 右側に負債グループ、純資産グループ、収益グループを配置

● 資産グループと負債グループ、純資産グループの部分が貸借対照表を表す

● 収益グループと費用グループの部分が損益計算書を表す

残高試算表の構造

残高試算表は、総勘定元帳をもとに作成します。もともとの残高試算表の役割は、文字どおり、総勘定元帳に転記された内容を試しに確認するためのものです。コンピュータで会計処理を行うようになってからは、その存在意義がちょっと薄れたものになっています。しかし、残高試算表を図1のように作成することで、残高試算表から簡単に財務諸表の貸借対照表と損益計算書を作ることができます。

試算表の左側には、資産グループの勘定科目と費用グループの勘定科目を配置します。また右側には、負債グループと純資産グループ、収益グループの勘定科目を配置します。そうすると、資産グループと負債グループ、純資産グループの部分が貸借対照表に、収益グループと費用グループの部分が損益計算書になっていることがわかります。つまり、このように残高試算表から財務諸表が作れます。

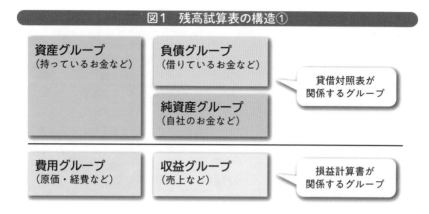

図1　残高試算表の構造①

資産グループ（持っているお金など）	負債グループ（借りているお金など）	貸借対照表が関係するグループ
	純資産グループ（自社のお金など）	
費用グループ（原価・経費など）	収益グループ（売上など）	損益計算書が関係するグループ

残高試算表の各勘定科目をもう少し、詳細に見ていきましょう（表1）。

● 資産グループ

現金、預金、売掛金、未収入金など流動資産に属するもの、土地、建物、機械装置など固定資産に属するもの、そして繰延資産に属する開業費などがあります。

● 負債グループ

買掛金、未払金、短期借入金など流動負債に属するもの、長期借入金など固定負債に属するものがあります。

● 純資産グループ

この中には、資本金、資本準備金、利益準備金など株主資本に属するものがあります。また、この例には載っていませんが、株主資本以外のものとして、評価・換算差額等などがあります（3-12節を参照）。

● 収益グループ

この中には、売上に属する売上高、営業外収益に属する受取利息や雑収入などがあります。また特別利益に属するものとして、この例では、固定資産売却益が載っています。

表1 残高試算表の構造②（単位：円）

勘定グループ・勘定科目		残高	勘定グループ・勘定科目		残高	備考
資産	現金（流動資産）	6,400	負債	買掛金（流動負債）	800	貸借対照表
	預金（流動資産）	100		未払金（流動負債）	900	
	売掛金（流動資産）	200		短期借入金（流動負債）	1,000	
	未収入金（流動資産）	300		長期借入金（固定負債）	1,100	
	土地（固定資産）	400	純資産	資本金（株主資本）	1,200	
	建物（固定資産）	500		資本準備金（株主資本）	1,300	
	機械装置（固定資産）	600		利益準備金（株主資本）	1,400	
	開業費（繰延資産）	700				
	【資産グループの部計】	9,200		【負債・純資産の部計】	7,700	
費用	売上原価（売上原価）	3,100	収益	売上高（売上）	47,400	損益計算書
	広告宣伝費（販売費）	3,200		受取利息（営業外収益）	2,100	
	見本品費（販売費）	3,300		雑収入（営業外収益）	2,200	
	給料（人件費）	3,400		固定資産売却益（特別利益）	2,300	
	法定福利費（人件費）	3,500				
	通勤交通費（人件費）	3,600				
	地代家賃（管理費）	3,700				
	水道光熱費（管理費）	3,800				
	消耗品費（管理費）	3,900				
	旅費交通費（管理費）	4,000				
	支払利息（営業外費用）	4,100				
	雑損（営業外費用）	4,200				
	固定資産除売却損（特別損失）	4,300				
	法人税等（法人税等）	4,400				
	【費用グループの部計】	52,500		【収益の部計】	54,000	
	合計	61,700		合計	61,700	

● 費用グループ

この中は売上原価、そして販売費、人件費、管理費などの、いわゆる販売費および一般管理費、営業外費用、特別損失、法人税等に分かれています。販売費として広告宣伝費、見本品費、人件費として給料、法定福利費、管理費として地代家賃、水道光熱費、消耗品費、旅費交通費が載っています。また、営業外費用として支払利息、雑損＊が、そして特別損失として固定資産売却損が載っています。さらに法人税等として法人税等が載っています。これらが費用グループに属する勘定科目ということです。

この試算表左側の残高合計が6万1,700円、右側の残高合計も6万1,700円で、残高が一致しています。残高が一致しているということは、総勘定元帳上のすべての勘定科目ごとの会計取引の転記は正しいということになります。手作業で総勘定元帳を作成している場合は、転記ミスなどでこの残高が合わないことがあります。しかし、この残高合計は、必ず一致しなければなりません。

コラム　繰返伝票について

SAPでは、毎月決まった会計伝票を繰返し転記できる繰返伝票という機能があります。トランザクションコードの『FBD1』を使って、事前に開始日、終了日、周期、伝票タイプ、仕訳内容を登録しておきます。繰返伝票の登録内容は、トランザクションコードの『F.15』で確認することができます。繰返伝票の実行は、決済期間のFrom Toなどを指定してトランザクションコードの『F.14』を使用して行います。

＊ **雑損**……雑損失は、本業以外の支払いで金額が小さいものに使う勘定科目。例えば、弁償費用、廃材の処分費用など。

9 貸借対照表の構造

✎ワンポイント

● 表示時点の会社の財政状態を表している

● 左側に資産の部、右側に負債の部と純資産の部が表示されている

●「資産の部計－（負債の部計＋純資産の部計）」の計算式で利益を計算できる

財務諸表を作成して儲けを把握

　貸借対照表は、作成した時点の会社の財政状態を表している財務諸表の1つです。表1の例は、xxxx年3月31日時点の貸借対照表になります。左側に**資産の部**、右側に**負債の部**と**純資産の部**が配置されています。そして、左側の合計残高と右側の合計残高は9,200円で一致しています。

　利益は、繰越利益剰余金として1,500円が計上された例になっていますが、「資産の部計 －（負債の部計＋純資産の部計）」で計算できます。

表1 財務諸表：貸借対照表の例(xxxx年3月31日/単位：円)

勘定グループ・勘定科目			残高	勘定グループ・勘定科目			残高
資産	流動資産	・現金	6,400	負債	流動負債	・買掛金	800
		・預金	100			・未払金	900
		・売掛金	200			・短期借入金	1,000
		・未収入金	300			計	2,700
		計	7,000		固定負債	・長期借入金	1,100
	固定資産	・土地	400			計	1,100
		・建物	500			合計	3,800
		・機械装置	600	純資産	株主資本	・資本金	1,200
		計	1,500			・資本準備金	1,300
	繰延資産	・開業費	700			・利益準備金	1,400
		計	700			・繰越利益剰余金	1,500

				計	5,400
				合計	5,400
		合計	9,200	負債・純資産の部合計	9,200

資産の部

　貸借対照表の構造をもう少し細かく見てみましょう。まず、資産の部ですが、一般的に**流動資産**、**固定資産**、**繰延資産**の3つに分類することが多いです。

● 流動資産

　1年以内に現預金化ができる資産の勘定科目を表示します。ここでは現金、預金、売掛金、未収入金を表示しています。

● 固定資産

　1年以上持ち続ける資産の勘定科目を表示します。例として、土地、建物、機械装置が表示されています。

● 繰延資産

　すでに支払い済みの費用で、会計年度をまたいで費用化することが認められている費用を表示します。ここでは、会社設立に伴って発生した開業費を表示しています。

負債の部

　次に、右上の負債の部を見ていきましょう。負債の部ですが、一般的に**流動負債**、**固定負債**の2つに分類することが多いです。

● 流動負債

　1年以内に返済するものを表示します。

● 固定負債

　返済が1年を超えるものを表示します。

なお、流動資産と流動負債に関連する経営分析指標として、**流動比率**があります。流動比率は、「流動資産 ÷ 流動負債 × 100」で計算し、会社の支払能力をチェックします。計算結果が100%以上であれば、支払能力があると判断できます。理想は200%と言われますが、120 ～ 150%程度の会社が多いのではないかと思います。

純資産の部

右下の純資産の部は、一般的に**株主資本**と**株主資本以外**の2つに分類されます。株主資本として、ここでは、**資本金**、**資本準備金**、**利益準備金**、**繰越利益剰余金**を表示しています。

● 資本金

株主から出資してもらった資金のうち、会社が資本金とした部分になります。

● 資本準備金

資本金に組み入れなかった部分になります。

● 利益準備金

配当の一部を法律に基づいて積み立てたものになります。

● 繰越利益剰余金

余った利益を繰り越したものです。

そのほか、この例には記載していませんが、純資産の部の中には、株主資本以外の勘定科目もあります。ちょっと難しいですが、有価証券の時価評価結果などを処理する**評価・換算差額**等、取締役等の報酬等として金銭の払込み等を要しないで株式の発行等をする**株式引受権**、**ストックオプション**などの新株予約権、ヘッジ会計を適用している場合の**繰越ヘッジ損益**などがあります。

10 損益計算書の構造

● ある会計期間の会社の経営成績を表している

● 左側に費用の部、右側に収益の部が表示されている

● 様々な利益がある

損益計算書の構造

　次に**損益計算書の構造**について見てみましょう。表1が損益計算書の例で、ある会社のxxxx年4月1日からyyyy年3月31日の会計期間の経営成績を表しています。

　左側の**費用グループ**側に売上原価、売上総利益、販売費および一般管理費、営業利益、営業外費用、経常利益、特別損失、税引前利益、法人税等、税引後利益、右側の**収益グループ**側に売上高、営業外収益、特別利益に属する勘定科目に分けて表示したものです。

　これをもとに、まず左側の勘定科目を説明します。

●売上総利益

　粗利とも言われるもので、売上から売上に対応して計上した原価（売上原価）を引いて計算します。4万4,300円となっています。

●営業利益

　本業で儲けた利益です。「売上総利益 － 販売費および一般管理費」で計算します。ここでは、1万1,900円となっています。

表1 財務諸表：損益計算書の例①（xxxx年4月1日〜yyyy年3月31日／単位：円）

勘定グループ・勘定科目			金額	勘定グループ・勘定科目		金額
費用	売上原価		3,100	収益	売上高	47,400
	【売上総利益】		44,300			
	販売費および一般管理費					
		販売費				
		・広告宣伝費	3,200			
		・見本品費	3,300			
		計	6,500			
		人件費				
		・給料	3,400			
		・法定福利費	3,500			
		・通勤交通費	3,600			
		計	10,500			
		管理費				
		・地代家賃	3,700			
		・水道光熱費	3,800			
		・消耗品費	3,900			
		・旅費交通費	4,000			
		計	15,400			
		合計	32,400			
	【営業利益】		11,900			
	営業外費用	・支払利息	4,100	営業外収益	・受取利息	2,100
		・雑損	4,200		・雑収入	2,200
		計	8,300		計	4,300
	【経常利益】		7,900			
	特別損失	・固定資産除却損	4,300	特別利益	・固定資産売却益	2,300
		計	4,300		計	2,300
	【税引前利益】		5,900			
	法人税等	・法人税等	4,400			
	【税引後利益】		1,500			

● **経常利益**

　会社全体の採算性を表す利益です。「営業利益 ＋ 営業外収益 − 営業外費用」で計算します。ここでは、7,900円となっています。

● 税引前利益

その会計期間の特別な事情を加味した利益です。「経常利益 ＋ 特別利益
－ 特別損失」で計算します。ここでは、5,900円となっています。

● 税引後利益

法人税や住民税、事業税などを差し引いた結果の利益です。「税引前利益
－ 法人税等」で計算します。ここでは、1,500円となっています。

この例では当然ですが、貸借対照表上の繰越利益剰余金1,500円と、損
益計算書上の税引後利益1,500円は一致しています。なお、販売費および
一般管理費は、販売費、人件費、管理費に分けて、それぞれに属する勘定
科目を表示しています。

また、右側の勘定科目の営業外収益、特別利益に属する勘定科目、左側
の勘定科目の営業外費用、特別損失に属する勘定科目も表示された通りで
す。

続いて表2は、表1の損益計算書を一般的な1列の損益計算書の形式に
変更したものです。

表2 財務諸表：損益計算書の例②（単位：円）

勘定グループ・勘定科目		金額	利益の計算式
収益	売上高	47,400	
費用	売上原価	3,100	
	【売上総利益】	44,300	売上高－売上原価
	販売費および一般管理費	32,400	
	【営業利益】	11,900	売上総利益－販売費および一般管理費
収益	営業外収益	4,300	
費用	営業外費用	8,300	
	【経常利益】	7,900	営業利益＋営業外収益－営業外費用
収益	特別利益	2,300	
費用	特別損失	4,300	
	【税引前利益】	5,900	経常利益＋特別利益－特別損失
	法人税等	4,400	
	【税引後利益】	1,500	税引前利益－法人税等

11 キャッシュフロー計算書の構造

- ● 現預金の増減理由を表示
- ● 増減理由を営業活動、投資活動、財務活動に分けて表示
- ● 当期末残高は貸借対照表の現預金残高と一致する
- ● 作成方法に直接法と間接法がある

キャッシュフロー計算書の構造

　キャッシュフロー計算書は、現預金の増減理由を把握するためのもので、財務諸表の1つとなっています。作成方法には**直接法**と**間接法**があり、直接法は現預金の相手科目からその理由を把握し、間接法は利益をもとに計算します。

直接法による作成方法

　表1の会計取引の例を使って、直接法によるキャッシュフロー計算書の作成方法と構造を見ていきましょう。①③⑤⑧の会計取引が現預金に関係する取引ですので、これを使って作成します。

①会社設立、資本金受け入れ

　会社を設立して資本金10万円を受け入れた仕訳です。

②預金から現金引き出し

　預金から現金6万円を引き出した仕訳です。この仕訳は、借方・貸方とも現預金に関係するため、プラス・マイナス0となるので、キャッシュフロー計算書の対象となりません。

③給与支払い

給与4万円を預金から支払った仕訳です。

⑤銀行からお金を借り入れ

銀行から8万円を借り入れした仕訳です。

⑧掛けの代金の一部が入金

売掛金の一部の3万円が入金になった仕訳です。

表1 現預金取引の例（単位：千円）

No.	摘要	日付	借方科目	借方金額	貸方科目	貸方金額
①	会社設立、資本金受入れ	4/1	預金	100	資本金	100
②	預金から現金引き出し	7/1	現金	60	預金	60
③	給与支払い	9/30	給与	40	預金	40
④	商品を仕入	11/1	仕入	140	買掛金	140
⑤	銀行からお金を借入れ	12/1	預金	80	借入金	80
⑥	商品を販売	1/31	売掛金	200	売上	200
⑦	経費発生	2/1	消耗品費	10	現金	10
⑧	掛けの代金の一部が入金	3/31	預金	30	売掛金	30
			合計	660	合計	660

　作成に際しては、本業の**営業活動**、有価証券の購入などの**投資活動**、銀行からの借り入れなどの**財務活動**の3つの区分に分けます（表2）。

● 営業活動

　③⑦⑧が営業活動による現預金の増減理由を表しています。③の給与の支払いで4万円減少、⑦の経費の支払いで1万円減少、⑧の掛代金の一部入金で3万円増加しています。

● 投資活動

　ここでは、投資活動はありません。

● 財務活動

　①と⑤が財務活動による現預金の増減理由を表しています。①の資本金

受け入れで10万円増加しています。また、⑤の銀行からの借り入れで8万円増加しています。

　右端の増減列の合計、現預金増減が16万円となっています。前期末の現預金残高が0ですので、16万円がそのまま、当期末の現預金残高となっています。このように直接法によるキャッシュフロー計算書により、当期末現預金残高が16万円になった理由を把握できます（表2）。

表2 直接法によるキャッシュフロー計算書の例（単位：千円）

区分	理由	+（増加）	-（減少）	増減
営業活動	①給与支払い		40	-40
	⑦経費発生		10	-10
	⑧掛けの代金の一部が入金	30		30
投資活動	-			0
財務活動	①会社設立、資本金受入れ	100		100
	⑤銀行からお金を借入れ	80		80
	縦計（現預金増減）	210	50	160
	前期末現預金残高			0
	当期末現預金残高			160

間接法による作成方法

　次に、表3の例を使って、間接法によるキャッシュフロー計算書の作成方法を説明します。

　間接法によるキャッシュフロー計算書は、前期末と当期末の貸借対照表の各勘定科目の増減額を使って作成します。ただし、この例では会社を設立したばかりで、前期末の貸借対照表がないため、当期末の貸借対照表の残高をもとに作成しています。

表3 貸借対照表の現預金残高(xxxx/xx期末、単位：円)

勘定グループ・勘定科目		残高	勘定グループ・勘定科目		残高
資産			負債		
流動資産			流動負債		
	現金	50,000		買掛金	140,000
	預金	110,000		短期借入金	
	売掛金	170,000		減価償却累計額	
固定資産			固定負債		
	土地			長期借入金	80,000
	建物		純資産		
	機械装置			資本金	100,000
投資等				利益剰余金	10,000
	投資有価証券				
合計残高		330,000	合計残高		330,000

　この表3の貸借対照表は、先ほどの仕訳の①〜⑧の会計取引をもとに作成したものです。当期末の現預金残高は、流動資産の中の赤枠の現金5万円と預金の11万円を加算した16万円となっています。

　間接法によるキャッシュフロー計算書は、直接法によるキャッシュフロー計算書と同様に**営業活動、投資活動、財務活動**の3つに分けて作成します（表4）。営業活動の中の減価償却費は、キャッシュが流出しない費用なので、税引前利益と減価償却費を表示することで、減価償却しなかった時の税引前利益をもとに作成しています。

● I 営業活動によるキャッシュフロー

　まず、税引前の当期利益1万円を表示します。加えて、減価償却費を表示します。この例では0です。そのほか売掛金の増減、ここでは売掛金の増加による-17万円、そして買掛金の増減では買掛金の増加による14万円、在庫品の増減は0となっています。そして、各表示項目の金額を集計した営業活動の小計は、-2万円となります。

● Ⅱ 投資活動によるキャッシュフロー

　この例では、固定資産の増減、投資有価証券の増減とも0値なっています。

結果、投資活動の小計も0です。

● III 財務活動によるキャッシュフロー

資本金の増減が資本金の増加により10万円、借入金の増減が借入金の増加により8万円となっています。財務活動の小計は、2つを合わせて18万円となっています。

● IV 現預金の増減

営業活動、投資活動、財務活動の小計の計です。計算すると16万円になります。

● V 現預金の前期末残高

0です。

● VI 現預金の当期末残高

IVの現預金の増減額と、Vの現預金の前期末残高を加算して求めます。計算した結果、16万円になります。この16万円は、貸借対照表上の現預金の残高と一致します。

このように、この間接法によるキャッシュフロー計算書からも、現預金の増減理由がわかります。

表4 間接法によるキャッシュフロー計算書の例（単位：円）

キャッシュフロー		残高
I 営業活動によるキャッシュフロー	税引前利益	10,000
	減価償却費	
	売掛金の増減	-170,000
	買掛金の増減	140,000
	在庫品の増減	
	小計	-20,000
II 投資活動によるキャッシュフロー	固定資産の増減	
	投資有価証券の増減	
	小計	-

III 財務活動によるキャッシュフロー	資本金の増減	100,000
	借入金の増減	80,000
	小計	180,000
IV 現預金の増減額		160,000
V 現預金の前月末残高		-
VI 現預金の当月末残高		160,000

補足ですが、実は表5の構造を理解すると、間接法のキャッシュフロー計算書の作り方がわかりやすいです。

表5 間接法によるキャッシュフロー計算書と当期末現預金残高の関係（単位：円）

勘定グループ・勘定科目	残高	勘定グループ・勘定科目	残高	
資産		負債		
流動資産		流動負債		
現金	50,000	買掛金	140,000	
預金	110,000	短期借入金		
売掛金	170,000	減価償却累計額	-	
固定資産		固定負債		
土地		長期借入金	80,000	(A)振り
建物		純資産		替える
機械装置		資本金	100,000	
投資等		利益剰余金	10,000	
投資有価証券		減価償却費 ◄		

(B)右側に移動させる
（残高の符号を反転させる）

		勘定グループ・勘定科目	残高
		売掛金	-170,000
		固定資産	
		土地	
		建物	
		機械装置	
		投資等	
		投資有価証券	
合計残高	160,000	合計残高	160,000

まず、貸借対照表の負債グループの中に表示されている(A)の減価償却累計額を純資産の減価償却費に振り替えます。金額が0なので、キャッシュ

フロー計算書には関係しません。

　次に資産グループの中の(B)の現金・預金以外の赤枠部分を貸借対照表の負債、純資産側の右側に移動させます。この時、残高の符号を反転させます。例では、売掛金の17万円の符号を-17万円と反転させています。

　その結果、左側の合計残高が16万円、右側の合計残高が16万円で一致します。つまり、当期末現預金残高の16万円は、「利益剰余金の1万円 ＋ 減価償却費の0 ＋ 買掛金の14万円 ＋ 長期借入金の8万円 ＋ 資本金の10万円 ＋ 売掛金の-17万円」で計算したことになります。

12 株主資本等変動計算書の構造

● 貸借対照表の純資産グループの中の変動とその理由を表示

● 株主資本とそれ以外に区分する

● 当期末残高の横計は純資産合計の当期末残高と一致する

株主資本等変動計算書の構造

　株主資本等変動計算書＊は財務諸表の1つで、貸借対照表の純資産グループの中の変動と、その理由を報告する計算書です。

　株主資本等変動計算書は、大きく分けて**株主資本**と**株主資本以外**の2つに分かれます。表1では、株主資本として、資本金、資本準備金、利益剰余金を表示しています。

● 資本金

　会社が法務局に届け出た資本金の金額です。

● 資本剰余金

　株主から集めたお金のうち、資本金に組み入れないものなどになります。

● 利益剰余金

　繰越利益や株の配当時に積み立てる利益準備金などになります。

　また、株主資本以外のものとして、評価・換算差額等があります。表1では、その他の有価証券評価差額金を表示しています。この勘定では、投資目的で取得した株などの評価額を表示します。これら以外のもありますが、ここでは、説明を簡単にするために省略いたします。

＊ **株主資本等変動計算書**……英語では、SSE（Statements of Shareholder's Equity）と言う。

表1 株主資本等変動計算書の構造

表示項目	株主資本			評価・換算差額等	純資産合計
	資本金	資本剰余金	利益剰余金	その他有価証券評価差額金	
前期末残高					
当期純利益			xxxx		
剰余金の配当			xxxx		
資本金の受入	xxxx	xxxx			
株主資本以外の項目の当期変動額				xxxx	
当期変動額合計					
当期末残高					

株主資本等変動計算書の作成

表1を例に、株主資本等変動計算書の作成方法を説明します。

まず、前期末の純資産グループの中の勘定科目の残高を記入します。そして、発生した変動理由の明細をそれぞれ記入していきます。取り崩す場合は、マイナスで記入します。

また、株主資本以外の変動理由は、株主資本以外の項目の当期変動額の行に記入します。そして、各変動理由の明細の計を計算して、当期変動額合計の行に記入します。最後の行には、「各列の前期末残高 ＋ 当期変動額合計」を計算して、当期末残高表示します。

さらに列の右端に、純資産合計を計算して表示し、これで完成です。表1の赤枠の当期末残高の行の純資産合計金額は、貸借対照表の純資産の部の合計と一致します。

株主資本等変動計算書の作成例

次の例題をもとに、株主資本等変動計算書を作成してみましょう。　作成結果のキャッシュフロー計算書を見ながら説明します（表2）。

> ・前期末の資本金残高が100万円、資本準備金が0円、利益準備金が6万円、繰越利益が10万円。
>
> ・当期の変動事項は、下記の通り。
>
> （1）当期純利益は100万円。
>
> （2）配当は11万円で、そのうちの1万円を利益準備金へ積み立てた。
>
> （3）60万円を増資し、そのうちの20万円を資本準備金へ振り替えた。

　まず①の前期末残高ですが、例題の金額をそのまま記入します。純資産合計の横計が116万円になります。

　次に②の当期利益ですが、繰越利益剰余金の列に100万円を記入します。

　③の剰余金の配当は、利益の中から11万円を取り崩して配当に当てましたので、-11万円を繰越利益剰余金の列に記入します。その時、利益準備金に1万円積み立てましたので、利益準備金の列に1万円を記入します。

　さらに④の資本金の受け入れで60万円を増資し、40万円を資本金に組み入れ、残りの20万円を資本準備金としました。

　そして、各列の②～④の計を⑤の当期変動額合計の行に計算して表示します。また、①と⑤を加算して、⑥の当期末残高を計算します。

　最後に、純資産合計の横計をそれぞれ計算します。

表2 例題をもとに作成した株主資本等変動計算書の例（単位：円）

No.	表示項目	株主資本								純資産合計
		資本金	資本剰余金			利益剰余金				
			資本準備金	その他資本剰余金	資本剰余金合計	利益準備金	その他利益剰余金		利益剰余金合計	
							任意積立金	繰越利益剰余金		
①	前期末残高	1,000,000	0	0	0	60,000	0	100,000	160,000	1,160,000
②	当期純利益				0			1,000,000	1,000,000	1,000,000
③	剰余金の配当				0	10,000		-110,000	-100,000	-100,000
④	資本金の受入	400,000	200,000		200,000					600,000
⑤	当期変動額合計	400,000	200,000	0	200,000	10,000	0	890,000	900,000	1,500,000
⑥	当期末残高	1,400,000	200,000	0	200,000	70,000	0	990,000	1,060,000	2,660,000

13 三分法、分記法、売上原価対立法の違い

- ● 三分法、分記法、売上原価対立法の違いを理解しよう
- ● 三分法、分記法、売上原価対立法の会計処理方法を知っておこう
- ● 三分法、分記法、売上原価対立法の損益計算書も理解しよう

三分法、分記法、売上原価対立法の違い

　売上に対応する原価を求める方法として、三分法、分記法、売上原価対立法があります（表1）。それぞれ違いを理解しておきましょう。

● 三分法

　コンピュータが使われる前から行ってきた方法です。仕入勘定*、売上勘定*、繰越商品勘定*を使用して仕訳します。期末に棚卸を行い、売れ残っている商品を貸借対照表の繰越商品勘定に振り替えることで、当期の仕入高を確定させる方法です。棚卸を行うまでは、当期の正確な仕入高が確定しませんので、儲かっているかどうかわかりません。手作業で会計処理を行っていた時代では、この方法が合理的でした。

● 分記法

　同じくコンピュータが使われる前から行ってきた方法です。商品勘定、売上勘定、商品販売益勘定を使って、取引の都度、儲けを計算して仕訳する方法になります。宝石や不動産などの高価な商品を扱う会社で採用している場合があります。

● 売上原価対立法

　商品勘定、売上勘定、売上原価勘定を使用して取引の都度、売上原価を

※ **仕入勘定**……三分法を採用している場合に、仕入先から商品などを購入した時の借方の勘定科目。

※ **売上勘定**……営業活動で商品などを販売した時の貸方の勘定科目。

※ **繰越商品勘定**……三分法を採用している場合に、期末に棚卸を行った結果、売れ残っている商品を仕入勘定から振り替える場合の振替先の勘定科目（貸借対照表の勘定科目）。

仕訳する方法です。コンピュータで実現する場合に向いた方法です。原価単価は、例えば移動平均原価*や標準原価*が使われます。これ以外にも先入れ先出し法、後入れ先出し法を使って原価単価を求めることもあります。この方法を採用した場合は、取引の都度、売上原価が仕訳されますので、粗利などの儲けをリアルタイムで把握できます。SAPなどのERPシステムでは、この方法を採用していることが多いと思います。

表1 三分法、分記法、売上原価対立法

勘定科目	仕訳方法	計上のタイミング	どんな現場で使われるか
三分法	仕入、売上、繰越商品勘定を使用して仕訳する	期末に棚卸を行い、売れ残っている商品を貸借対照表上の繰越商品勘定に振り替える	手作業で会計処理を行ってきた会社では、この処理が多い
分記法	商品、売上、商品販売益勘定を使用して仕訳する	取引ごとに利益を商品販売益として計上する	宝石や不動産などの高価なものを扱う会社でこの処理方法を採用している場合がある
売上原価対立法	商品、売上、売上原価勘定を使用して仕訳する	取引の都度、売上原価に振り替える	コンピュータ処理向き。原価単価は移動平均、標準原価などを使用

三分法、分記法、売上原価対立法の会計処理方法

具体的な例題を見ながら、三分法、分記法、売上原価対立法の仕訳の違いを説明します（表2）。

● 三分法の仕訳

商品仕入時、販売時、決算時は、下記のような仕訳になります。

① 商品仕入時

[借方]仕入 10万円／[貸方]現金 10万円

② 販売時

[借方]現金 12万円／[貸方]売上 12万円

＊ **移動平均原価**……2-12節「棚卸資産の在庫評価方法」を参照。
＊ **標準原価**……5-6節「標準原価計算」を参照。

3 決算時

前期末の繰越商品を仕入勘定に振り替えます。仕訳は、次の通りです。

[借方]仕入 6万円／[貸方]繰越商品 6万円

そして、棚卸した結果、残っていた商品を繰越商品勘定に振り替えます。仕訳は、次の通りです。

[借方]繰越商品 5万円／[貸方]仕入 5万円

● 分記法の仕訳

商品仕入時、販売時は、下記のような仕訳になります。

1 商品仕入時

[借方]商品 10万円／[貸方]現金 10万円

2 販売時

[借方]現金 12万円／[貸方]商品 10万円

そして、さらに貸方に「商品販売益 2万円」と仕訳します。

● 売上原価対立法の仕訳

商品仕入時、販売時は、下記のような仕訳になります。

1 商品仕入時

[借方]商品 10万円／[貸方]現金 10万円

2 販売時

[借方]現金 12万円／[貸方]売上 12万円

同時に次のように仕訳します。

[借方]売上原価 10万円／[貸方]商品 10万円

表2 三分法、分記法、売上原価対立法による会計処理方法（単位：円）

商品仕入代金 100,000　商品販売代金 120,000
前期末繰越商品 60,000　　当期末繰越商品 50,000
現金取引

会計処理方法	仕訳のタイミング	借方科目	金額	貸方科目	金額
三分法	①商品仕入時	仕入	100,000	現金	100,000
	②販売時	現金	120,000	売上	120,000
	③決算時（棚卸）	仕入	60,000	繰越商品	60,000
		繰越商品	50,000	仕入	50,000
分記法	①商品仕入時	商品	100,000	現金	100,000
	②販売時	現金	120,000	商品	100,000
				商品販売益	20,000
売上原価対立法	①商品仕入時	商品	100,000	現金	100,000
	②販売時	現金	120,000	売上	120,000
		売上原価	100,000	商品	100,000

　では、次に、三分法、分記法、売上原価対立法による損益計算書の例を見ていきましょう。

● **三分法による損益計算書**

　まず、期首商品棚卸高を貸借対照表から振り替えて表示します。そして、当期に仕入れた仕入高の総額を表示します。最後に、期末日に棚卸して残っていた商品分を貸借対照表に振り替えて、期末商品棚卸高として表示します。「期首商品棚卸高 ＋ 当期仕入高 － 期末商品棚卸高」の計算式で売上原価の11万円を計算しています。そして、「売上高12万円 － 売上原価11万円」の計算で売上総利益が1万円となります（表3）。

表3 三分法の損益計算書の例（単位：円）

勘定科目		金額	コメント
売上高		120,000	
売上原価	期首商品棚卸高	60,000	貸借対照表の繰越商品を振り替える
	当期仕入高	100,000	
	期末商品棚卸高	-50,000	棚卸結果残った商品を貸借対照表の繰越商品に振り替える
	売上原価計	110,000	期首商品棚卸高＋仕入高ー期末商品棚卸高
【売上総利益】		10,000	売上高ー売上原価計

● 分記法による損益計算書

　分記法では、商品販売益に販売益、商品販売損に販売損を表示します。その差し引きが売上総利益になります。表4では、商品販売益が2万円、商品販売損が0ですので、売上総利益は2万円となります。

表4 分記法の損益計算書の例（単位：円）

勘定科目	金額	コメント
商品販売益	20,000	益の分
商品販売損	0	損の分
【売上総利益】	20,000	商品販売益ー商品販売損

● 売上原価対立法による損益計算書

　表5では、売上高12万円、売上原価10万円、そして、その差し引き結果の売上総利益が2万円と表示されています。販売の都度、その時点の原価で売上原価を計算していますので、売上総利益をリアルタイムで把握できます。売上原価対立法が、コンピュータに向いている方法になります。

表5 売上原価対立法の損益計算書の例（単位：円）

勘定科目	金額	コメント
売上高	120,000	
売上原価	100,000	
【売上総利益】	20,000	売上高ー売上原価

14 前受金、前払金、未収入金、未払金

- 前受金は、売る前にお金をもらう
- 前払金は、品物を受け取る前にお金を払う
- 未収入金は、営業目的でない債権で使用
- 未払金は、経費として買った時の債務で使用

前受金、前払金、未収入金、未払金について

　ちょっとわかりにくい勘定科目の**前受金、前払金、未収入金、未払金**について説明します。それぞれの違いを理解しておきましょう。

● 前受金

　前受金は、売る前にお金をもらった場合に使います。そして全額請求する際に、前受金と売掛金を相殺します。

　工事などのビジネスにおいては、契約条件の中に、工事開始前に着手金、そして工事完成後に残りをもらうケースがあります。この工事開始前にもらうお金は、工事がまだ完成していないため、前受として計上する必要があります。

　前受の処理には何通りかの対応方法がありますが、ここでは、着手金の入金時に前受金を計上し、全額請求時に、入金済みの前受金と売掛金を相殺するやり方を例示します。着手金30万円、全額の請求金額100万円の例になります。コンピュータ上で、請求時に前受金を相殺する場合は、この形の仕訳になることが多いです（表1）。

表1 前受金の会計処理の例（単位：円）

会計取引ケース	借方	金額	貸方	金額
着手金入金時	預金	300,000	前受金	300,000
全額請求時	売掛金	1,000,000	売上高	1,000,000
	前受金	300,000	売掛金	300,000

● 前払金

　前払金は、品物を受け取る前にお金を払う場合に使用します。そして、仕入全額の請求書を受け取った時に、買掛金と前払金を相殺します。

　仕入先との契約条件の中には、品物を受け取る前に一部前払いを行い、残りを商品が届いたのち、支払うケースがあります。この品物を受け取る前に支払うお金は、前払いとして計上することになります。

　総額200万円の発注のうち、60万円を前払いし、仕入金額の請求書が200万円の例をもとに仕訳を考えて見ましょう（表2）。

表2 前払金の会計処理の例

会計取引ケース	借方	金額	貸方	金額
前払い時	前払金	600,000	預金	600,000
仕入全額の請求書を受け取ったとき	仕入	2,000,000	買掛金	2,000,000
	買掛金	600,000	前払金	600,000

● 未収入金

　一般的な売掛金は、営業目的に沿った債権の場合に使用します。それに対して、未収入金は、例えば、固定資産の売却代金など、本来の営業目的でない取引について、売掛金と区別して管理する場合に使用します。

　例題として、固定資産を4万円で売却して、その代金を請求、回収する場合の会計処理を見てみましょう（表3）。

表3 未収入金の会計処理の例（単位：円）

会計取引ケース	借方	金額	貸方	金額
請求時	未収入金	40,000	雑収入	40,000
入金時	預金	40,000	未収入金	40,000

　海外の会社では、どちらのケースも売掛金で処理する会社が多いと思います。

● 未払金

　一般的な買掛金は、売上に対応する仕入れなどの債務を計上する場合に使用します。それに対して、未払金は、経費などの本来の営業目的でない債務を買掛金と区別して管理する場合に使用します。日本では、買掛金と分けて管理している会社が多いです。

　例題として、オンラインショップのA店から、コピー用紙を単価500円で10束、購入した場合の例を見ていきましょう（表4）。

表4 未払金の会計処理の例（単位：円）

会計取引ケース	借方	金額	貸方	金額
購入時	消耗品費	5,000	未払金(A店)	5,000
代金支払い時	未払金(A店)	5,000	預金	5,000

15 前払費用と未払費用

● 前払費用は、当期に、翌期以降に帰属する費用を前払いした場合に使用

● 未払費用は、当期に帰属する費用が何らかの事情で、計上できなかった場合に使用

前払費用と未払費用について

前払費用と未払費用について説明します。

● 前払費用

当期に、翌期以降に帰属する費用を前払いした場合などで使用します。例として、信用保証協会に支払った保証料や前払い家賃などが考えられます。

● 未払費用

当期に帰属する費用が何らかの事情で、計上できなかった場合などで使用します。例として、借入金の支払利息や社会保険料のうちの会社負担分などが考えられます。

前払費用の会計処理の例

具体的な例題をもとに、前払費用の仕訳を考えてみましょう。前払費用は、当期に、翌期以降に帰属する費用を前払いした場合などで使用します。例えば、信用保証協会に支払った保証料などが該当します。

例題は、銀行から1000万円の借り入れを行い、その保証料10万円を保証協会に預金から支払ったというものです。なお、この10万円は、今期を含めて5年分の保証料です。このうちの今期分は、「10万円÷5年」で、年間で2万円になります。

保証料支払い時と当期末日の会計処理は、次のように行います（表1）。

表1 前払費用の会計処理の例（単位：円）

会計取引ケース	借方	金額	貸方	金額
保証料支払い時	前払費用	100,000	預金	100,000
当期末日	支払手数料	20,000	前払費用	20,000

　この例の前払費用は、1年を超えますので一般的には、長期前払費用を使用します。また、厳密に計算する場合は、2万円を12ヵ月で割って、借入日から決算日までの経過月数分だけを計上します。

未払費用の会計処理の例

　未払費用についても具体的な例題をもとに、仕訳を考えて見ましょう。未払費用は、当期に帰属する費用が何らかの事情で計上できなかった場合などで使用し、例えば、借入金の支払利息などが該当します。

　例題は、銀行から1000万円を借り入れ、その利息が毎月末に3万円自動引き落としされますが、たまたま決算日が銀行の休日で引き落としされなかったケースです。借入時の仕訳と当期末日の支払利息の計上の会計処理を例示します（表2）。

表2 未払費用の会計処理の例（単位：円）

会計取引ケース	借方	金額	貸方	金額
借入時	預金	10,000,000	借入金	10,000,000
当期末日	支払利息	30,000	未払費用	30,000

　そして、翌期の期首日の1日に、利息分が自動引き落としされたら、利息分を次のように仕訳します。

　[借方]未払費用 30,000円／[貸方]預金 30,000円

16 手形（受取手形、割引手形、支払手形）

✍ ワンポイント

● 受取手形は、売掛金の代金の支払いのために取引先が発行した手形のこと

● 割引手形は受取手形を満期日前に現金化した場合の備忘的な手形のこと

● 支払手形は、買掛金の代金の支払いのために当社が発行した手形のこと

● 紙の手形のほかに「でんさい」がある

手形について

　手形は、将来的にお金をもらう、または支払う約束をした証券*のことです。振出人、振出日、手形番号、手形金額、満期日などが記載されています。販売代金を**受取手形***でもらう場合や、その受取手形を満期日前に現金化する場合に使われる**割引手形**、仕入代金の支払いを**支払手形**で支払う場合などで使われています。

　近年では、紙の手形の発行手続きや管理が大変なこともあり、紙の代わりに手形を電子化した「でんさい」という電子証券が使われるようになってきました。今後は、紙の手形は廃止され、でんさいや期日現金などに代わっていくものと思われます。

受取手形の会計処理の例

　受取手形は、得意先から売掛金の代金を手形で受け取った場合などに使用します。

　例題として、販売代金（売掛金）80万円を受取手形で回収した場合を考えてみましょう。受取手形の入手時、銀行への取立依頼時、満期日入金時のそれぞれの会計仕訳を例示します（表1）。

---

* **証券**……受取手形、支払手形のこと。
* **受取手形**……得意先などが発行した手形のこと。

162

表1 受取手形の会計処理の例（単位：円）

会計取引ケース	借方	金額	貸方	金額
手形入手時	受取手形	800,000	売掛金	800,000
銀行に取立を依頼	仮勘定	800,000	取立手形	800,000
満期日入金時	預金	800,000	仮勘定	800,000
	取立手形	800,000	受取手形	800,000

　SAPでは、受取手形の入手時の仕訳を『F-36』*などを使って入力します。この画面上で、転記キー*や特殊G/L*などの項目を使用して入力します。

　満期日が近づいてきたら、銀行に受取手形を提示して回収を依頼します。この時、手元に受取手形がなくなりますので、それを覚えておくために、取立手形勘定*を使う場合があります。この時の相手勘定は仮勘定を使用します。

　そして満期日に銀行に入金したら、仮勘定を使って入金処理を行い、その後、取立手形と受取手形を相殺する仕訳をします。なお、取立手形を使用しない場合は、満期日に次のように仕訳します。

[借方]預金 80万円／[貸方]受取手形 80万円

割引手形の会計処理の例

　割引手形は、得意先から受け取った受取手形を満期日前に現金化する場合になどに使います。

　例題として、入手した80万円の受取手形を満期日前に現金化し、手数料2万円が差し引かれて銀行に入金になった場合の仕訳を見ていきましょう（表2）。

表2 割引手形の会計処理の例（単位：円）

会計取引ケース	借方	金額	貸方	金額
手形割引時	預金	780,000	割引手形	800,000
	手数料	20,000		
満期日	割引手形	800,000	受取手形	800,000

＊『F-36』……［借方］受取手形／［貸方］売掛金の仕訳を入力するトランザクションコードのこと。

＊ **転記キー**……借方、貸方を意味するPosting Keyのこと。ここでは、09（特殊仕訳：借方）を使用。9-2節「転記キー」を参照。

＊ **特殊G/L**……売掛金に転記するところを、受取手形などの別の勘定科目に変更したい場合に使用する。例えば、"w"などの1文字のコード。9-3節「特殊G/L」を参照。

満期日に決済されたら、次のように仕訳します。

[借方]割引手形 80万円／[貸方]受取手形 80万円

支払手形の会計処理の例

支払手形は、仕入先に対して、仕入代金（買掛金）の支払いのために当社が発行する手形のことです。

例題として、50万円の支払手形を発行した時の仕訳を見ていきましょう（表3）。

表3 支払手形の会計処理の例（単位：円）

会計取引ケース	借方	金額	貸方	金額
手形発行時	買掛金	500,000	支払手形	500,000
満期日	支払手形	500,000	預金	500,000

満期日に決済されたら、次のように仕訳します。

[借方]支払手形 50万円／[貸方]預金 50万円

SAPでは、支払手形発行時の処理を『F110』*や『F-40』*などを使用して行います。

＊**取立手形勘定**……受取手形の満期日の数日前に銀行に取立を依頼をした場合に使用する勘定科目。
＊『**F110**』……自動支払プログラムのトランザクションコード。買掛金などの自動支払処理が行える。
＊『**F-40**』……手形支払のトランザクションコード。

17 諸口勘定科目

● とりあえず使用する仮の勘定科目のこと

● N：Nの仕訳などで使うと便利

● 諸口勘定科目の残高は必ず0になるように仕訳すること

諸口について

実務では、よく諸口（しょくち）という勘定科目を使用しますので、その使い方について説明します。

諸口は、とりあえず使用する仮の勘定科目のことであり、とても便利な勘定科目です。注意点としては、必ず残高が0になるように仕訳する必要があります。

例題を使って説明していきましょう。なお、この例では消費税は無視しています。通常、会計仕訳は1：1の仕訳で仕訳します。例えば、100円の文房具を買って現金で支払った場合は、次のように仕訳します。

[借方]消耗品費 100円／[貸方]現金 100円

一方、商品1,000円をツケで販売しましたが、得意先から振込手数料200円が差し引かれて、800円振り込まれてくる場合があります。この場合の会計仕訳方法としては、何通りかが考えられます。

● 仕訳方法①

[借方]預金　　　　800円／[貸方]売掛金 1,000円
　　　　振込手数料 200円

この方法は、2：1で仕訳する方法です。この方法がベストですが、コンピュータで自動的に入金処理を行う場合には、次の②や③の方法を採用することが多いです。

● 仕訳方法②

[借方]預金　　　　1,000円／[貸方]売掛金 1,000円
[借方]振込手数料 200円／[貸方]預金　　　　200円

この方法は、全額、預金で入金になったことにして、後で預金から振込手数料分を支払った形で仕訳します。基本的に1：1での仕訳のやり方と同じです。ただ、通帳の金額と仕訳上の入金金額が異なる値で仕訳されることになります。

● 仕訳方法③

[借方]諸口　　　　1,000円／[貸方]売掛金 1,000円
[借方]預金　　　　 800円／[貸方]諸口　　　　800円
[借方]振込手数料 200円／[貸方]諸口　　　　200円

この方法では、まず売掛金全額を諸口で入金になったこととし、その後、預金と振込手数料に分けて仕訳する方法です。このような場合に、諸口を使うことがあります。

コンピュータで自動的に処理する場合や、N：N＊の仕訳になる場合などで、諸口勘定を使うことがありますので、使い方を覚えておきましょう。

＊N：N……借方、貸方の仕訳が複数行になる仕訳のこと。

第 **4** 章

経理処理を効率的に
こなすためのヒント

第4章では、経理処理を効率的にこなすためのヒ

ントとして、入金予定日、支払予定日の求め方や、販

売代金の管理方法、効率的な支払方法、入金消込方

法、自動仕訳などについて説明します。

1 入金予定日と支払予定日

● 入金予定日は得意先の支払条件などをもとに計算できる

● 支払予定日は当社の支払条件などをもとに計算できる

入金予定日の求め方

　商品を販売したけれども、財務担当者としては「その代金はいつ入金になるのか？」が気になるところです。財務担当者は、毎月資金繰りを行い、お金が不足することがないように月末や翌月末などの入金・支払金額の予測を行っています。不足が予測される場合は、銀行などからお金を借りることを検討しなければならず、少なくとも3ヵ月先のキャッシュフローは見ておきたいところです。

　では、どうやって**入金予定日**がわかるのでしょうか。まず、得意先に商品を販売する際に取引条件を決めます。

　その1つが**支払条件**です。日本では**締め請求**という取引形態があります。月末締め翌月20日払い、20日締め翌月25日払いなど、いろいろあります。例えば、月末締め翌月20日払いの得意先の場合は、対象の月の1ヵ月分の販売金額を集計して請求書を月末日に発行します。請求時点での入金予定日は、仮に10月の1ヵ月間に販売した合計金額が1万円だとすると、その1万円は、11月20日に得意先からもらえることになります。このような方法で入金予定日を知ることができます。

　この支払条件は、得意先マスタに登録しておき、その支払条件から入金予定日を計算します。なお、入金予定日を正確に求める場合は、金融機関などの休日カレンダーなどを考慮する必要があります（図1）。

図1　請求時の入金予定日の例

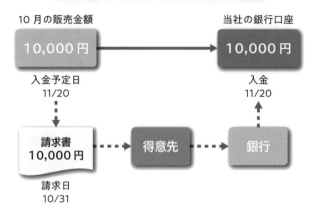

【月末締め翌月20日払の得意先の例】

また、受注日時点で代金がいつ入金になるかも知りたいところです。この場合は、「出荷予定日（納品予定日）＋　支払条件」を加えることで、受注日時点での入金予定日と販売代金の金額がわかります。長いスパンの資金繰り予測が必要な場合に使います。

SAPでは、債権・債務が確定した分の入金予定表や支払予定表をリアルタイムで作成できるほか、受注した分（未請求分）の取引を加えた、キャッシュフローのシミュレーション機能が用意されています（図2）。

例えば、ある得意先が「月末締め翌月20日払いで、受注日が9月21日、出荷予定日が9月30日」だとすると、この時点では入金予定日は10月20日になります。

しかし、この受注分を実際には10月1日に納品したとすると、この分は9月分ではなく、10月分の請求書に集計され、入金予定日は11月20日になります。

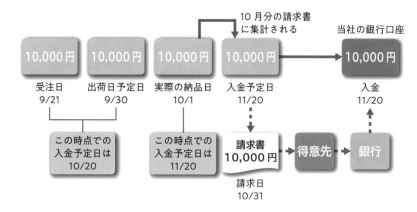

図2　受注時と請求時の入金予定日の例

支払予定日の求め方

　支払予定日は、入金予定日を求める場合とほぼ同じ方法で求めます。支払条件は、当社の支払条件になり、これを仕入先マスタ上に登録しておきます。仕入先から請求書を受け取ったら、その請求書上の請求日をもとに、当社の支払条件を使って請求書の受取時点の支払予定日を計算できます。支払条件は、購入品目などの種類によって複数用意している場合が多いです。

　また、発注日時点でその代金をいつ支払うかを知りたい場合は、**入荷予定日**（納品予定日）に当社の支払条件を加えることで、発注日時点での支払予定日と支払代金の金額がわかります。

2 販売代金の管理方法

● 販売代金の残高を得意先別残高と未決済明細で確認する

● 一部入金は、全部入金されるまで決済しないでおくか、残りの売掛金残高を残余明細処理して未決済明細として管理する

▌ 販売代金の残高を得意先別残高と未決済明細で確認する

SAP GUIから実行できる**国内通貨得意先残高レポート***、**得意先明細照会***、**得意先残高照会***を使うことで、得意先ごとの残高がどれだけ残っているかなどを確認できます。

● 国内通貨得意先残高レポート

得意先ごとの残高レベルを確認できます。

● 得意先明細照会

得意先との取引明細が確認できます。

● 得意先残高照会

得意先の月別の借方合計金額や貸方合計金額、残高を確認できます。

図1は、国内通貨得意先残高レポートの例で、右端の累計残高が指定した月末残高です。この例では、残高が1万1,000円残っています。

---

* **国内通貨得意先残高レポート**……トランザクションコードは、『S_ALR_87012172』。

* **得意先明細照会**……トランザクションコードは、『FBL5N』。

* **得意先残高照会**……トランザクションコードは、『FD10N』。

図1　国内通貨得意先残高レポートの例

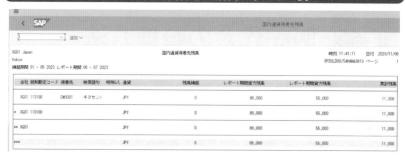

得意先明細照会の例が図2で、伝票番号が表示されています。またステータス(St)列の信号が赤い丸●になっています。これは、未決済の状態を表しています。

図2　得意先明細照会の例

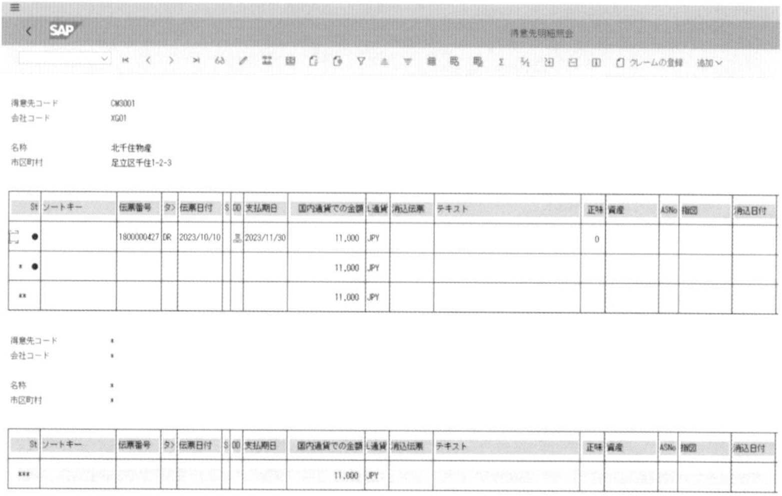

一部入金処理と残余明細処理

　得意先から販売代金を回収したら、SAPの入金転記＊を使って入金消込処理を行います。

　ただし、販売代金を全額回収できた場合は問題ありませんが、販売代金の一部が入金になった場合の処理をどうするかという問題があります。SAPでは、次の2つの方法を選択できます。

（A）全部が入金されるまで、売掛金のマイナス入金扱いとして、決済しないでおく。

（B）全額を決済して、残金部分を新しい売掛金として登録し、未決済明細管理する。

　処理の例を確認しておきましょう。図3が（A）の一部だけ入金処理した結果を得意先明細照会で確認したものです。プラスの1万1,000円とマイナスの7,000円が表示され、合計残高は4,000円となっています。また、ステータスは赤い丸のままです。つまり、1万1,000円の売掛金に対して、7,000円がマイナス入金になった状態です。一部入金処理を行うとこのような表示の仕方になります。また、このマイナス7,000円が発生した会計伝票の照会結果も張り付けています。

　仕訳は、次のようになっています。

　[借方]普通預金 7,000円／[貸方]北千住物産（売掛金）7,000円

＊入金転記……トランザクションコードは、『F-28』。

図3 一部入金処理結果の例

もう1つの方法である、(B)の残余明細処理をした結果を得意先明細照会で確認してみましょう。図4がその例で、プラスの4万円が表示され、未決済明細の残高は4万円となっています。ステータスは赤い丸のままです。

また、マイナス11万円明細も表示されています。こちらのステータスが緑の四角(■)になっています。この緑は、決済済みを意味しています。この例は、もともと11万円の売掛金残高が残っていましたが、7万円の入金があり、それを残余明細処理をしたことで、いったん11万円の売掛金を全額入金になったことにして、新たに、差額の4万円を売掛金として発生させた

ものです。7万円を入金処理した時の会計伝票の照会結果も張り付けています。

　仕訳は、次のようになっています。

[借方]普通預金　　　　　　　7万円／[貸方]北千住物産（売掛金）11万円
　　　北千住物産（売掛金）4万円

図4　残余明細処理結果の例

3 たくさんの支払いを効率的に処理する方法

● 支払条件、支払方法をきちんと定める
● 買掛金データを使って振込用のFBデータ作成までのプロセスを自動化する

支払条件、支払方法をきちんと定める

支払いは、基本的に自社の条件に沿ってプロセスをデザインできます。また、支払条件や支払方法は、少ないほうがシンプルになります。例えば、次のような支払いのケースがあります（表1）。

①仕入先への購入代金の支払い
②毎月の給与の支払い
③社員の立替経費の支払い
④カードなどの自動引き落としによる支払い
⑤その他の税金などの支払い

表1 支払いのケースと支払先、支払条件、支払方法の例

No.	支払のケース	支払先	支払条件/支払日	支払方法
①	仕入先への購入代金の支払い	仕入先	月末締め翌月末払	銀行振込（FBデータを使用）
②	毎月の給与の支払い	社員	月末締め翌月15日払	銀行振込（FBデータを使用）
③	社員の立替経費の支払い	社員	月末締め翌月15日払	給与に加算して支払う
④	カードなどの自動引き落としによる支払い	カード会社	翌月10日、27日など	自動引き落とし
⑤	その他税金のなどの支払い	国・市区町村ほか	翌月10日、翌月末日など	自動引き落とし

　上記の①～④の支払いについて、支払条件と支払方法を考えてみましょう。なお、⑤の国や市区町村、健康保険組合、年金事務所などへの支払いは、e-TAX*やeLTAX*、口座振替による自動引き落としなどを使うと手間がかからず便利です。

①仕入先への購入代金の支払い

　月末締め翌月末払いや、月末締めの翌々月10日払いなど、様々な状況が考えられますが、資金に余裕がある場合は、支払回数を少なくしたほうが業務負担が少なく済みます。

　支払いは、振込用のFBデータを作成して銀行の振込アプリから振り込みすることをお勧めします。人の手を介すと何回も同じチェックをすることになり、無駄が多いです。

　ただし、内部統制上は、支払の計上と支払は別の社員が行うことや、上長の承認の仕組みを組み込んでおく必要があります。

②毎月の給与の支払い

　1日～月末日までの給与を翌月支払いにすると、月次損益計算書に人件費を反映しやすくなります。これもFBデータを作成し、銀行の振込アプリから振り込みすることをお勧めします。なお、月をまたいだ締め期間の場合は、残業分の反映の仕方が問題になります。

③社員の立替経費の支払い

　経費精算アプリ*などを使用して、経費データを社員別に集計し、給与にオンして*支払うと楽になります。都度や毎週精算すると現金の管理や精算の手間がかかります。

④カードなどの自動引き落としによる支払い

　カードの利用月に経費として計上しようとすると結構、手間がかかります。カード会社からの引き落とし明細をCSVファイル*などに落として、これをもとに会計処理すると楽になります。ただし、内訳などが不明の場合は、

＊ e-TAX……国税に関する申告・納税・申請・届出をインターネット上で行えるシステム。
＊ eLTAX……地方税の申告・納税・申請・届出をインターネット上で行えるシステム。
＊ 経費精算アプリ……SAP では、Concur を使用する。
＊ オンして……給与に立替経費分を加えて支給するという意味。
＊ CSV ファイル……Comma Separated Values の略で、各項目がカンマ（,）で区切られたテキストデータのこと。

対応する証憑*の収集が必要になります。この方法の注意点ですが、使った日の翌月以降に経費計上されますので、決算時に調整仕訳を入れることになります。

自動支払処理を使用した場合の処理の流れ

SAPでは、自動支払処理*があります。これを実行する場合は、下記の手順で行います（図1）。

1 支払提案

支払提案を実行します。実行日付、支払方法、仕入先（相殺得意先）のFrom To*などのパラメータを入れて、自動支払処理を実行します。すると、対象の支払データの一覧を支払提案一覧表として出力できます。今回の支払いの対象としないものなどを除外して、今回支払うものを確定させます。

2 支払処理

支払処理を実行します。確定した支払一覧表が出力されます。振込先の銀行支店番号、口座番号などが表示されています。これを使って上長などの承認をもらいます。

3 印刷処理

最後に印刷処理を実行します。この処理の中で、会計伝票が自動仕訳されます。仕訳の内容は、次のようになります。

［借方］（仕入先）買掛金／［貸方］銀行仮勘定
［借方］銀行仮勘定　　／［貸方］預金
　　　　　　　　　　　　　　振込手数料

仕入先が振込手数料を負担する場合は、その分を控除*して振込金額を生成してくれます。また、FBデータも作成できます。これを使って銀行の振込アプリから仕入先に振込支払をします。

＊証憑……物的証拠のこと。例えば、注文書、契約書、請求書、領収書、仕訳帳、総勘定元帳など。
＊自動支払処理……トランザクションコードは、『F110』。
＊From To……ここでは、仕入先コードの範囲指定のこと。
＊控除……振込手数料が仕入先負担なので、振込手数料を、仕入先への支払金額から控除した金額を振込む。

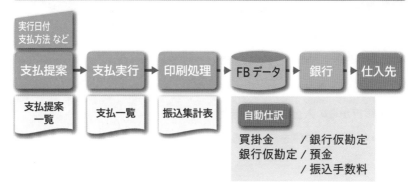

図1 『F110』（自動支払処理）を使用した場合の処理の流れ

コラム 銀行の入金データの取り込み方法

　SAPでは、『FF_5』（電子銀行報告書）というトランザクションコードを使って、銀行からの入金データをインポートすることができます。これを未決済の売掛金とマッチングを取り、入金消込を行うことができます。これは、トランザクションコードの『FEBA』を使って行います。また、AIを活用した機械学習などにより売掛金の自動消込機能も用意されています。

4 入金消込を効率的に行う方法

ワンポイント

● 銀行からの入金データの活用

● バーチャル口座を利用する

銀行からの入金データの活用

契約している銀行から通帳の内容をデータで入手できます。日本では全銀協*で定めた入金データのフォーマット*に沿ってCSVファイルなどでもらうことができます。これを活用することで、入金消込作業を効率的に行うことができます（表1）。

表1 入金データのフォーマット

No.	項目名	属性	桁数	項目の内容
①	データ区分	N	1	レコード種別*：2（明細）
②	照会番号	N	6	銀行が採番した照会番号
③	勘定日	N	6	入金日（YY/MM/DD）YYは和暦
④	起算日	N	6	入金の起算日（YY/MM/DD）YYは和暦
⑤	金額1	N	10	入金金額
⑥	金額1他店券	N	10	金額1のうちの他店券金額
⑦	振込依頼人コード	C	10	振込依頼人識別コード
⑧	振込依頼人名	C	48	振込依頼人名（半角カナ）
⑨	仕向銀行名	C	15	振込元銀行名（半角カナ）
⑩	仕向支店名	C	15	振込元支店名（半角カナ）
⑪	取消区分	C	1	スペース：正常　1：取消
⑫	EDI情報	C	20	振込元銀行から為替通知に書かれたEDI情報
⑬	ダミー	C	52	スペースが入っている

---

* **全銀協**……全国銀行協会の略。日本国内で活動する銀行、銀行持株会社および各地の銀行協会を会員とする組織。

* **入金データのフォーマット**……日本の全銀協の入金データの1桁目が2のレコード（レコード区分：2）のフォーマットの例。

* **レコード種別**……4種類のレコードがあり、データの1桁目が1（ヘッダ）、2（明細）、3（合計）、9（終了）と定義されている。

入金データをERPシステムに取り込む際に、工夫が必要です。その1つが、自社の得意先のコードを入金データに追加する仕組みです。

よく使う方法は、銀行の通帳を見ると摘要に会社のカナ名称が書かれています。例えば、銀座商事株式会社なら、「ギンザショウジ (カ」といったカナ名称が印字されています。これを得意先マスタに登録しておき、入金データ上のカナ名称とマッチングさせて自社の得意先コードに変換します。変換できなかったものは、仮勘定で入金処理しておき、後でマニュアルで対応します。

もう1つが入金金額と得意先の売掛金の金額が一致しなかった場合にどうするかということです。

例えば、1,000円未満の差異であれば、その差異分を振込手数料として処理するなどの工夫をします。それ以上の差異は、原因を調べてマニュアルで入金消込をします。

仕訳の例ですが、次の3種類の仕訳になります。

①得意先コードに変換でき、かつ金額が一致した場合

[借方]預金／[貸方]得意先コード（売掛金）

②得意先コードに変換できなかった場合

[借方]預金／[貸方]仮勘定

③得意先コードに変換でき、かつ金額は1,000円未満の差額がある場合

[借方]預金　　　　／[貸方]得意先コード（売掛金）
　　　振込手数料

なお、①と③の場合は、未決済明細の消込処理も同時に行います。SAPでは、入金データの取り込み処理をする際、『FF_5』*などを使用します（図1）。

＊『FF_5』……銀行報告書インポート（全銀協）用のトランザクションコード。

図1　銀行からの入金データを活用

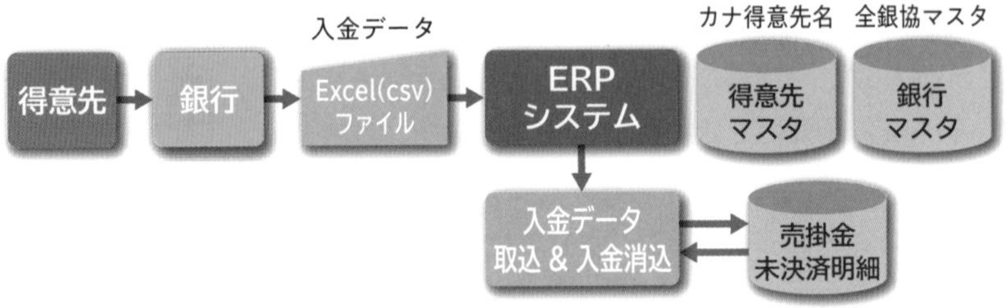

バーチャル口座の利用ほか

　そのほか、銀行と契約して**バーチャル口座**を作る方法があります。これはバーチャル*ですので見かけ上の銀行口座ということになります。

　銀行に、このバーチャル口座を発行してもらい、得意先に請求書を出す際に、得意先ごとにバーチャル口座を請求書に印刷して、この口座に振り込みしてもらいます。銀行は、このバーチャル口座の番号を入金データの振込支払人コードなどに入れてくれます。バーチャル口座番号と自社の得意先コードを紐づけすることで、入金データから得意先コードへ変換できます。

　そのほか、SAPでは、AIを活用したCash Application *があります。

＊**バーチャル**……契約銀行側で当社の入金銀行口座番号を得意先ごとに架空の口座番号として生成してくれる。

＊**Cash Application**……AI（人口知能）の自動学習機能を使って、支払請求書と入金消込のマッチングを自動的に行うためのソリューション。

5 自動仕訳

● 基本的なロジからの自動仕訳パターンを知っておく
● 自動仕訳のパラメータ設定方法を理解する

ロジからの自動仕訳パターン

　SAPは、**リアルタイム経営**の実現をサポートします。その仕掛けの1つが、**自動仕訳**です。

　昔は、会計の仕訳は、経理の人が起こして帳簿に記帳していました。しかし、コンピュータを使い出してからは進歩が進み、現場の日々の作業から会計仕訳を自動仕訳できるようになりました。

　ERPパッケージには、この自動仕訳の仕組みが組み込まれていて、リアルタイムに経営成績などが把握できるようになっています。主な自動仕訳のパターンを理解しておきましょう（**表1**）。

表1 自動仕訳の場面と仕訳パターンの例

モジュール	No.	会計取引ケース	借方	貸方
購買	①	在庫品発注入庫	在庫勘定	入庫請求仮勘定
	②	請求書受取時	入庫請求仮勘定	買掛金
生産	③	原材料投入時	材料費	在庫勘定
	④	作業時間計上時	労務費（二次原価要素）	労務費（二次原価要素）
	⑤	経費計上時	経費（二次原価要素）	経費（二次原価要素）
	⑥	製品完成時	製品	製造勘定
	⑦	未完成分月末振替時	仕掛品	製造勘定
販売	⑧	商品出荷時	売上原価	在庫勘定
	⑨	請求時	売掛金	売上
在庫	⑩	プラント間在庫転送	在庫勘定	在庫勘定
	⑪	在庫品廃棄時	在庫廃棄損	在庫勘定
	⑫	実地棚卸時	棚卸差損益	在庫勘定

この表1は、SAPにおいて、それぞれのモジュール側で発生する自動仕訳の一覧となっています。これをもとに説明していきます。

購買モジュールの自動仕訳のケース

まずは、購買モジュールから見ていきましょう。

①発注在庫品入庫時

発注した在庫品が入庫になった場合に発生する仕訳です。仕訳は、次のようになります。

[借方]在庫勘定／[貸方]入庫請求仮勘定

なお、標準原価品が入庫した場合は、発注金額と標準原価の差額を「購入価格差異」として仕訳します。

②請求書受取時

仕入先からの請求書受取時の仕訳です。入庫請求仮勘定は、①で貸方に発生したものです。仕訳は、次のようになります。

[借方]入庫請求仮勘定／[貸方]買掛金

なお、消費税(仮払消費税)が伴う仕訳の場合は、この仕訳の借方に、仮払消費税が発生します。

生産モジュールの自動仕訳のケース

次に、生産モジュールから生成される自動仕訳を見ていきましょう。製造する製品は、標準原価*が設定されているという前提でお話ししていきます。生産モジュールでは、製品を製造する際に製造指図*を発行します。その製造指図に、製造現場で投入、または消費した原材料費などを計上していきます。

＊ **標準原価**……5-6節「標準原価計算」を参照。
＊ **製造指図**……製造に必要な情報が書いてある手順書のこと。

③原材料投入時

　基本的には、対象の工程の作業が完了すると、BOM＊などの数量をもとに、製造指図にバックフラッシュ機能などを使って材料費を計上します。ただし、部品の破損などにより、BOMと異なる消費をした場合は、マニュアルでその分を計上します。次の仕訳が自動仕訳されます。

　　[借方]材料費／[貸方]在庫勘定

④作業時間計上時

　一般的に、製造ラインで自動計測し、実際に使った時間を把握します。その時間に、作業員の時間単価をかけて労務費＊として計上します。SAPでは、二次原価要素という勘定科目に似た原価要素＊を使って計上します。借方側が製造指図へ、貸方側は原価センタ＊に計上します。この貸方に計上した二次原価要素と、毎月支払う給料との差額を求めることで、賃率差異、作業時間差異を把握できます。

　　[借方]労務費(二次原価要素)／[貸方]労務費(二次原価要素)

⑤経費計上時

　一般的には、④で計上した労務費の割合などでパーセンテージを定めて、それに基づいて、製造指図上に経費として計上します。SAPでは、この経費も二次原価要素を使って計上します。

　　[借方]経費(二次原価要素)／[貸方]経費(二次原価要素)

＊ **BOM**……Bill Of Materials の略。部品構成表と呼ばれるもので、ある製品を製造する場合に必要な原材料とその必要数量を一覧にしたもの。

＊ **労務費**……その製品を製造するために要した人件費のこと。

＊ **原価要素**……費目（勘定科目）のこと。

＊ **原価センタ**……原価の集計先のこと。例えば、工程、負担部門、共通部門など。

⑥製品完成時

「完成した製品の数量 × その製品の標準原価で求めた金額」を使って仕訳します。次のような仕訳になります。

[借方]製品／[貸方]製造勘定

⑦未完成分月末振替時

これは、製造指図が月末完了しなかったものを仕掛品に振り替える仕訳です。次の仕訳を自動仕訳します。

[借方]仕掛品／[貸方]製造勘定

販売モジュールの自動仕訳のケース

さらに販売モジュールの自動仕訳のケースを見ていきましょう。

⑧商品出荷時

これは、商品を得意先に出荷した時の仕訳になります。売上原価対立法により仕訳されます。金額は、在庫品のその時点での「原価 × 数量」で計算して求めています。標準原価ならその標準原価、移動平均法ならその移動平均原価*が使用されます。仕訳は、次のようになります。

[借方]売上原価／[貸方]在庫勘定

⑨請求時

得意先に請求書を発行した時点で仕訳されます。実際には、この時消費税を計算し、ONして請求しますので、貸方に仮受消費税も発生します。次のような仕訳になります。

＊**移動平均原価**……2-12 節「棚卸資産の在庫評価方法」を参照。

[借方]売掛金／[貸方]売上
　　　　　　　　仮受消費税

在庫モジュールの自動仕訳のケース

最後に在庫モジュール関係の自動仕訳を見ていきましょう。

⑩プラント間在庫転送時

これは、例えば工場間で製品の標準原価や移動平均原価が異なる場合に自動仕訳されます。この場合、異なる原価の分が在庫勘定と在庫評価差異勘定を使って、借方または貸方に発生します。次のような仕訳になります。

[借方]在庫勘定　　　／[貸方]在庫勘定
　　　　在庫評価差異

⑪在庫品廃棄時

この場合、次のような仕訳が発生します。

[借方]在庫廃棄損／[貸方]在庫勘定

⑫実地棚卸時

これは、実際に棚卸処理を行い、検数結果を入力することで、自動仕訳されます。基本的には、次のような仕訳になります。

[借方]棚卸差損益／[貸方]在庫勘定

なお、在庫が増えている場合は、逆の仕訳が自動仕訳されます。

コラム **貸倒引当金**

　ツケで販売した場合、得意先から約束通りに代金を回収できれば問題ありませんが、得意先が倒産して代金をもらえないということがあります。そのような時に備えて、期末日に売掛金などの債権残高の何％かを貸方に貸倒引当金として計上することができます。借方は、貸倒引当金繰入額として費用に計上します。

第 **5** 章

CO（管理会計）

第5章では、管理会計について学びます。管理会
計は経営者のための会計とも言われるもので、会
社によって必要としている情報や指標が異なります
が、一般的に原価管理や利益管理、予算管理などが
含まれます。実際原価や標準原価、配賦、経営指標
などについても学びます。

1 SAPでの管理会計の扱い方

● 管理会計用としてCOモジュールが用意されている

● 管理会計で必要とする情報を明確にする

● 原価管理、利益管理、予算管理、経営分析などがある

SAPの管理会計

SAPでは、**管理会計**用に**COモジュール***が用意されていて、**原価管理**のためのモジュールと、**利益管理**のためのモジュールがあります。親会社、子会社を含めた会社別の実績、計画の数量、金額が扱えるほか、配賦やレポート機能が標準装備されています。Excelなどとの親和性も高いものになっています。

管理会計で必要とする情報を明確にする

管理会計は、経営者のための会計であるため、会社の経営者の経営に対する考え方によって、求める数字や指標が変わってきます。一般的には、**儲け**などの数字を様々な角度から分析し、経営戦略や経営戦術の達成度合いを確認しながら、次の手を考え、行動に結び付けていきます。

考えられる管理会計のニーズは、大きくは原価管理、利益管理、予算管理などです。切り口は、会社全体や部門、商品・製品、顧客、販売地域、そして、実績対予算の比較、当年度と前年度、または前期や前々期との比較、同業他社との比較など様々です。

COモジュールでは、原価センタ、内部指図、WBS*、収益性セグメント*、

---

* **CO**……COntrolling の略。

* **WBS**……Work Breakdown Structure の略。プロジェクトに発生するコストの管理単位のこと。

* **収益性セグメント**……売上や売上原価、売上総利益（粗利益）などの分析したい単位のこと。例えば、販売組織、製品、製品部門、原価センタ、利益センタ、地域などの組み合わせに付番されたコードのこと。

利益センタ＊などを使った分析ができます。例として、表1のような情報を使うことがあります。

表1 必要とする管理会計情報の例

ニーズ	必要とする管理会計情報の例
会社全体の業績把握	今現在の会社全体損益計算書 今期の会社全体の見通損益計算書
対予算	全社年度予算対実績比較損益計算書 全社見通予算対実績比較損益計算書 部門別年度予算対実績比較損益計算書 部門別見通予算対実績比較損益計算書
対前期	対前年対比損益計算書 3期比較損益計算書
個別業績把握など	見積書提案件数と受注率 受注件数・受注高 顧客別月別売上高・粗利益 商品・製品別月別売上高・粗利益 販売地域別商品別・粗利益 製品別実際原価 案件別工程別実際原価
シェア	同業他社との製品・サービスシェアの割合

　管理会計の中では、これらの情報のほかに、経営指標と呼ばれる、会社の収益性や生産性、成長性、安全性などをチェックするための情報を使うことがあります。

コラム　賞与引当金

　賞与を年2回、6月と12月に支給することが多いと思います。賞与を支払った6月と12月の月次損益計算書では、賞与の分、費用計上が多くなりますので、ほかの月と比べると営業利益などが少なくなります。月次決算を毎月行っている会社では、この凸凹を少なくするために、賞与引当金を計上することがあります。6分の1を毎月、賞与引当金として貸方に計上します。借方は、賞与引当金繰入額として費用に計上します。これを賞与支給月に全額反対仕訳を行うことで、毎月の月次損益の凸凹を少なくすることができます。

＊**利益センタ**……業績評価などのために、売上総利益（粗利益）や営業利益、経常利益などを集計したい部門などのこと。

2 COモジュール

✎ワンポイント

● COモジュールの全体

● COモジュールへのデータの流れ

COモジュールの全体

SAPの**CO**モジュールには、主に**原価**を扱うサブモジュール*と、**利益**を扱うサブモジュール*が用意されています（図1）。

● 原価を扱うサブモジュール

次のようなサブモジュールがあり、原価の予算と実績の対比を中心としたレポートを使用できます。また、予算、実績それぞれの配賦処理を行うこともできます。

- CO-CEL（原価要素会計）サブモジュール
- CO-CCA（原価センタ会計）サブモジュール
- CO-OPA（内部指図書会計）サブモジュール
- CO-ABC（活動基準原価計算）サブモジュール
- CO-PC（製品原価管理）サブモジュール

● 利益を扱うサブモジュール

次のようなサブモジュールがあり、利益の予算と実績の対比を中心としたレポートを使用できます。

- CO-PCA（利益センタ会計）サブモジュール
- CO-PA（収益性分析）サブモジュール

＊**原価を扱うサブモジュール**……詳しくは、5-3節「COのサブモジュール」を参照。
＊**利益を扱うサブモジュール**……詳しくは、5-3節「COのサブモジュール」を参照。

COモジュールへのデータの流れ

　多くの会計データは、MM(購買/在庫管理)モジュール、PP(生産管理)モジュール、SD(販売管理)モジュールなどのプロセスから、まずFI(財務会計)モジュールのデータベースへと自動仕訳などを通して流れます(図2)。

図2　COモジュールへのデータの流れ

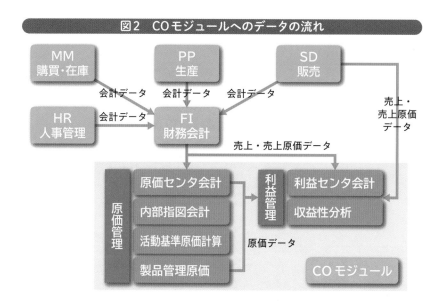

また、FIモジュールで入力した会計伝票も含めて、COモジュールへと流れていきます*。SDモジュールからは、**売上データ**や**売上原価データ**などがCOモジュールに流れます。

　COモジュール内では、**原価データ**がそれぞれの原価管理サブモジュールから利益管理サブモジュールに引き渡されています。

＊ **COモジュール〜いきます**……COモジュールでCO伝票を追加登録することもできる。

3 COのサブモジュール

ワンポイント

- CO-CEL（原価要素会計）サブモジュール
- CO-CCA（原価センタ会計）サブモジュール
- CO-OPA（内部指図書会計）サブモジュール
- CO-ABC（活動基準原価計算）サブモジュール
- CO-PC（製品原価管理）サブモジュール
- CO-PCA（利益センタ会計）サブモジュール
- CO-PA（収益性分析）サブモジュール

原価管理用のCOサブモジュール

COモジュールには、**原価管理**のためのサブモジュールとして、下記のものがあります（図1）。

● CO-CEL*（原価要素会計）サブモジュール
勘定科目＋配賦などで使用する二次原価要素を管理します。

● CO-CCA*（原価センタ会計）サブモジュール
原価の最小単位を管理します。

● CO-OPA*（内部指図書会計）サブモジュール
イベントなどのスポットの原価を管理します。

● CO-ABC*（活動基準原価計算）サブモジュール
人件費などの直接原価を時間単価×作業時間などで計上します。

＊**CO-CEL**……CEL は、Cost ELement accounting の略。
＊**CO-CCA**……CCA は、Cost Center Accounting の略。
＊**CO-OPA**……OPA は、Order and Project Accounting の略。
＊**CO-ABC**……ABC は、Activity-Based Costing の略。

● CO-PC（製品原価管理）サブモジュール

製品の標準原価*の設定や製品別工程別原価を計算します。

図1　COサブモジュール（原価管理）

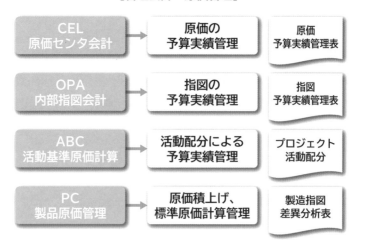

【管理会計：原価管理】

利益管理用のCOサブモジュール

また、利益管理のためのサブモジュールとして、下記のものが用意されています（図2）。

● CO-PCA*（利益センタ会計）サブモジュール

部門別利益などを把握します。

● CO-PA*（収益性分析）サブモジュール

収益性セグメントを使った、様々な切り口から粗利益などを把握します。

---

* **CO-PC**……PC は、Product Cost Controlling の略。
* **標準原価**……5-6 節「標準原価計算」を参照。
* **CO-PCA**……PCA は、Profit Center Accounting の略。
* **CO-PA**……PA は、Profitability Analysis の略。

図2 COサブモジュール（利益管理）

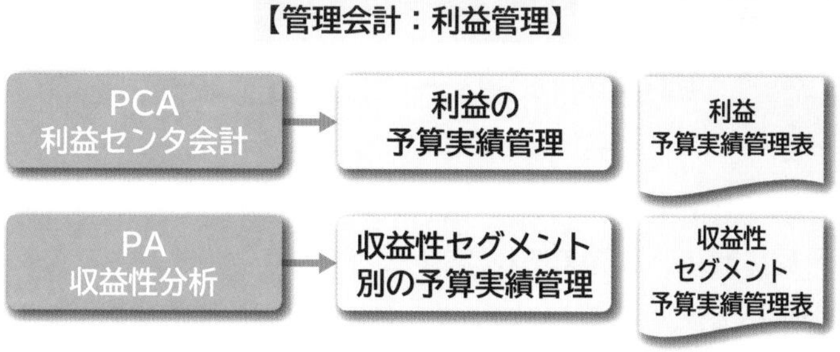

なお、予算は、管理会計の中で登録する方法のほかに、SAPでは、BPC*というアプリケーションを使用する方向になってきています。

コラム 精算表

決算月に精算表を作ることがあります。決算月までの残高試算表に対して、決算特有の会計仕訳や修正仕訳などを勘定科目別に精算表上の整理記入欄の借方、貸方に記入します。この結果を反映させて最終的な貸借対照表や損益計算書を作ります。SAPでは、13～16会計期間を精算表として使用することができます。

＊ **BPC**……Business Planning and Consolidationの略。事業計画、予算編成、事業予測、財務連結の各機能を提供するアプリケーション。

4 原価

- 原価は幅広い意味で使われている
- 営業の人、工場長、経理の人などでイメージする原価が異なる
- 製造にかかった原価が製造原価
- 売上に連動する原価が売上原価

原価とは

　原価という用語は、幅広い意味で使われています。そのため、1人ひとりがイメージする内容が違っていることがあり、議論がかみ合わない場合もあります。具体的に「何の原価のことを言っているのか」「どの部分のことを指しているのか」をお互いに確認・共有して話す必要があります。

　例えば、営業の人であれば、販売する商品や製品の1個の原価をイメージする場合が多いと思います。会社では、これらの数字に仕入コストや利益などを加えた原価を社内的に共有しています（図1）。

図1　営業の人がイメージする原価

商品	製品
1個の仕入金額	1個の製造原価

　工場長であれば、工場全体のコスト、例えば原材料や人件費、電力、ガス、水道代などの加工費を含めた製造原価をイメージすることが多いと思います（図2）。

図2　工場長がイメージする原価

材料費		製造に要した原材料のコスト
加工費	労務費	製造に要した人件費
	経費	電力・ガス・水道など

　そして、経理の人であれば、営業の人がイメージする原価や、工場長が
イメージする原価のほか、売上に紐づいて計上する**売上原価**をイメージし
ます。この売上原価には、売上の獲得と直接結び付いていない、例えば、
家賃や文房具代などの**経費***は含まれていません。

　図3は、右側が収益グループ、左側が費用グループという構造になって
いる損益計算書です。収益グループ側は売上10万円、費用グループ側は、
売上原価7万円と経費1万円となっています。売上原価7万円は、売るた
めに直接かかった原価で、経費1万円は、売上に直接関係せずに発生した期
間費用*になります。

　また、粗利（売上総利益）3万円は、「売上10万円 － 売上原価7万円」で
計算されます。

図3　経理の人がイメージする原価（単位：円）

【損益計算書】

---

* **経費**……正式には、販売費および一般管理費。

* **期間費用**……全額、発生した月（事業年度）の費用に計上する販売費および一般管理費のこと。

売上原価の例

　経理の人がイメージする売上原価の中身についてもう少し考えてみましょう。

　売上原価は、得意先への請求書に基づいて計上する売上と連動して計上されるものです。下記の3つの例をもとに説明します。1つが商品を販売するケース、もう1つが工事や建設などのビジネス、そして、サービスの役務などを提供するケースです。

● 商品を販売するケース

　通常、「販売数量 × 単価(売価)」で計算した結果を請求します。同時に「販売数量 × 単価(原価)」で計算した結果を売上原価として計上します(図4)。

　ここで問題になるのが、単価(原価)の求め方です。コンピュータを使っている場合は、移動平均法*で求めた単価か、標準原価*を使用します。

　かつて仕訳を手作業で行っていた時代は、商品を仕入れた時点で仕入勘定に計上しておき、これに前月末または前期末に残っていた在庫分の金額を加え、月末または期末に残っている商品分を差し引きして、売上原価を求めました。残っていた在庫分がいくらあったかどうかは、棚卸をして把握します。そのため、この方法では、今いくら粗利が出ているのかを知るためには、棚卸を行うまでわかりませんでした。

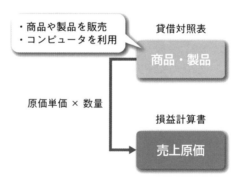

図4　売上と連動する原価の売上原価①

【納品ベースで請求する場合】

・商品や製品を販売
・コンピュータを利用

貸借対照表
商品・製品

原価単価 × 数量

損益計算書
売上原価

● 工事・建設などのビジネスのケース

原価をすべて仕掛品とし、プロジェクトやJOB*単位で管理します。この仕掛品の中に使用した原材料や部品のコスト、人件費、発生した経費などを貯めておきます。そして、工事などが完成し、相手から検収を受けたら、売上を計上するとともに、仕掛品から売上原価に振り替え、売上原価として計上します（図5）。

なお、工事や建設ビジネスでは、仕掛品のことを「未成工事支出金」、売上原価のことを「完成工事売上原価」と言います。

図5 売上と連動する原価の売上原価②

【検収ベースで請求する場合】

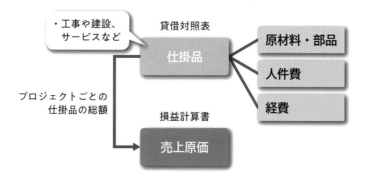

● サービスの役務などを提供しているケース

これも工事や建設ビジネスと似ています。原価をすべて仕掛品として、プロジェクトやJOB単位で管理します。役務の提供が完了したら、相手から検収を受け、売上を計上するとともに仕掛品から売上原価に振り替えます（図6）。

また、このケースでは、実際にかかった作業時間分を都度請求する場合があります。サービス担当者別の原価を給与などから割り出し、これに利益を加えた販売金額を請求するとともに、売上に計上します。この時の売上原価は、「サービス担当者別の原価 × 作業時間」で計上します。

＊ **JOB**……ビルの設計や、建設工事などの単位を JOB という場合がある。

図6　売上と連動する原価の売上原価③

【作業時間ベースで請求する場合】

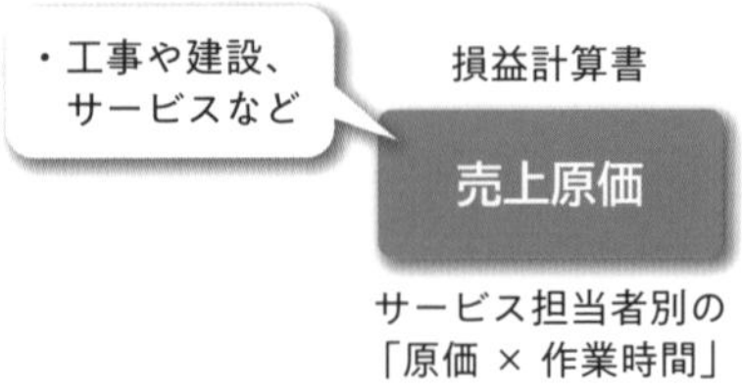

・工事や建設、
　サービスなど

損益計算書

売上原価

サービス担当者別の
「原価 × 作業時間」

5 実際原価

● 実際の原価を集計して計算する
● 前月の実際原価を翌月の月初に計算する

実際原価計算とは

実際原価とは、製品を作った結果、実際に要した原価のことです。

そして、実際原価計算は、この実際原価を計算する方法であり、対象月の製造にかかった費用を製品別に集計して、それを完成した数量で割り算することで計算します。

実際原価計算の流れ

毎月の実際原価計算のおおまかな流れは、下記のようになります(図1)。翌月の月初に、前月の実際原価を締めて確定させます。

1 前月の実際の製造費用を収集

発生源から原材料費、労務費、経費別に実際原価データを収集します。労務費と経費をまとめて加工費として集計する場合もあります。

2 原価計算要求単位に集計・配賦

収集したデータを原価計算要求単位ごと(管理責任者別、発生場所別)に集計・配賦していきます。

3 製品別に集計

製品別や製品グループ別に集計して、完成数量で割ることで、製品1個あたりの原価を計算します。この時、前月完成しなかった分、つまり仕掛状態の原価も計算して、これを除外します。

図1　毎月の実際原価計算の流れ

前月実績データ
入力締は、1日~2日

前月の実際の
製造費用を収集

発生源より収集

集計・配賦処理は、
3日~5日

原価計算要求単位
に集計・配賦

管理責任者別発生
場所別に計算

これが終わると
製品1個の原価が分かる

製品別に集計

製品1個当たりの
原価を計算

実際原価計算の手順例

SAPでの実際原価計算の手順を、少し詳しく見ていきます(図2)。

1 原価要素別把握（勘定科目コード）

まず、当月の製造部門や製造に関係する購買部門、経理などの間接部門などの製造費用を**勘定科目コード**を使って材料費、労務費、製造経費などの原価要素別に集計します。

生産部門や製造に関係する購買部門の製造費用は、製造部門の製造費用として部門別に集計します。

2 部門別計算（部門コード）

経理などの間接部門の費用は、補助部門費として製造にかかった部分と、製造に関係しない部分に按分などで分けます。これらの製造に関係する費用を製造費用として**部門コード**などを使いながら、各部門などに配賦していきます。

按分結果の製造に関係しない部分の費用は、販管費(販売費および一般管理費)として処理します。

3 製品別計算（製品グループ、製品コード）

部門別原価要素別に集計された製造費用*を**製品グループ**や**製品コード**などを使って、原価を計算する単位に集計・配賦を行っていきます。

そして、製品グループや製品コードごとに、完成した数量と完成していない数量などを把握します。この完成した数量と完成していない数量に対し

＊**製造費用**……製造費用は、前月の仕掛品残高を加えて計算する必要がある。

て、完成品のほうが、原価がかかっているので価値の重みづけを行い、完成品の製造費用と完成していない分、つまり仕掛品の製造費用に按分します。

　最後に製品または製品グループごとに、完成品の製造費用を完成数量で割って、1個の実際原価を求めます。

　なお、実際原価計算の場合は、想定外の事象などが発生した月では、同じ製品でも原価にバラツキが生じることがあります。

図2　実際原価計算の手順例

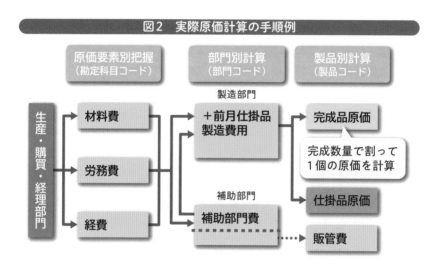

6 標準原価計算

● 製品1個の原価を企画する

● 標準原価と実際の差異を分析して改善などにつなげる

標準原価計算とは

標準原価とは、製造時に目標とすべき原価を指します。

新しい製品を開発して提供する場合、まず「1個いくらで売るか」という**販売価格**を決める必要があります。市場に今までない製品であれば、ある程度、自社で販売価格を決めることができますが、競合他社の多い製品の場合は、ライバル会社の販売価格も考慮しながら決めることになります。

この時、「1個の製品をどれくらいの原価で作れるか」が問題になってきます。これに利益をONした販売価格が市場で受け入れられなければ、新しい製品を市場に提供しても売れないことになります。過去の経験に基づいた経験則の中から、最も現状を反映した原価となっていなければなりません。

標準原価計算の流れ

標準原価計算は、製品ごとに標準原価を設定し、標準消費量と標準原価を計算する原価計算の方法です。計算の流れは、次のようになります（図1）。

1 原価の企画

まず、製品の目標原価を設定することになります。市場の受入価格や競争優位価格の調査とともに、原材料や労務費、工場の設備や電気・水道・ガス代などの経費を積み上げたら、1個の製品を作るのにいくらかかるのかが見えてきます。

2 原価積み上げシミュレーション

　原価計算表に、各工程で使用する原材料費や労務費、間接費などの時間あたりの単価や段取り費用などを設定します。使用する原材料などの数量をBOM*に登録し、何回もシミュレーションして標準原価を決定します。

　SAPでは、**CO-PC（製品原価管理）サブモジュール**の原価積み上げ機能を使用します。

3 標準原価の改定・適用

　標準原価を品目マスタに登録し、定期的に見直して改訂・適用します。

4 差異分析

　製造時に消費した原材料費や労務費、間接費などの実際原価と、標準原価の差異を分析し、次の標準原価の企画にフィードバックしていきます。

　SAPでは、**CO-PA（収益性分析）サブモジュール**などを使用して、製造結果を分析し、製造方法や工程管理などの改善に反映させ、製造工程や工場全体の能率を高めていきます。

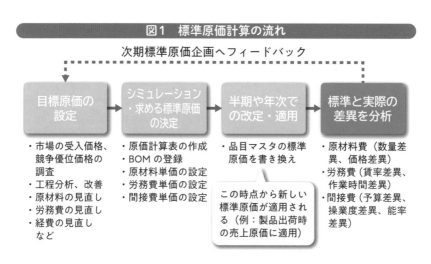

図1　標準原価計算の流れ

* **BOM**……4-5節「自動仕訳」を参照。

7 配賦

- 付替と配賦機能がある
- SAPの配賦では、周期、配賦基準として使用する統計キー数値などの登録が必要
- 統計キー数値の値は、月別、年間で設定できる
- 周期の中に使用する配賦基準、配賦元、配賦先などを設定する

配賦と付替の違い

COモジュールでは、複数の部門や製品にまたがる間接費などを各部門に割り当てる処理の方法として、配賦と付替（つけかえ）の2種類があります（表1）。

● 配賦

複数の部門や製品にまたがる費用を配賦する際に、配賦元と配賦先で原価要素（費目）を変えることができます。二次原価要素を使用することで、配賦元の実績が残って見えます。

● 付替

複数の部門や製品にまたがる費用を配賦する際に、配賦元と配賦先で原価要素（費目）を同じにしたい時に使用します。付替え後、配賦元の実績がゼロになります。

表1 実績付替・配賦の実行と周期の登録トランザクションコード

配賦機能例	トランザクションコード	ポイント	コメント
実績付替の実行	KSV5	配賦元と配賦先の原価要素を同じにしたい時に使用	付替え後、配賦元の実績がゼロになる
実績配賦の実行	KSU5	配賦元と配賦先の原価要素を別にしたい時に使用	二次原価要素を使用するので、配賦元の実績は残って見える
実績付替用周期の登録	KSV1	付替ルールの作成	付替元、付替先、付替基準などをあらかじめ登録
実績配賦用周期の登録	KSU1	配賦ルールの作成	配賦元、配賦先、配賦基準などをあらかじめ登録

統計キー数値

　統計キー数値は、配賦などの基準値として使用するものです。それぞれの部門で共通的に発生する通信費や消耗品費、水道光熱費などを各部門に配賦する場合の基準として使われます（図1）。

　例えば、オフィスの使用面積や部門ごとの社員数などを『KK01』[*]を使って、あらかじめ統計キー数値に面積や社員数を登録しておいて使用します。また、『KP46』[*]で、統計キー数値の計画値を月別や年別に設定できます。

図1　統計キー数値：ZMENの登録と計画値の登録例

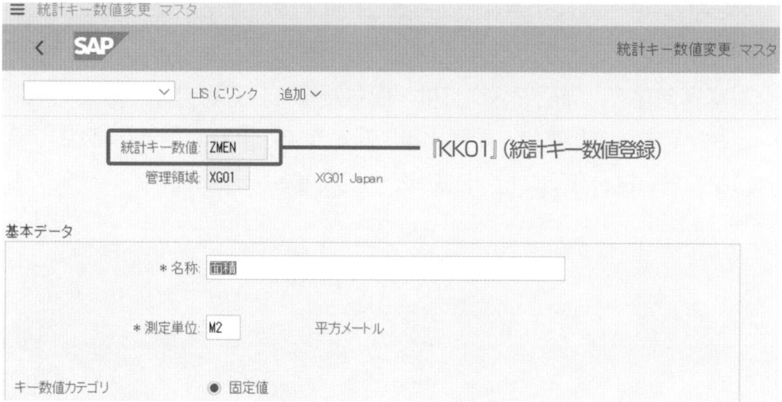

＊『**KK01**』……統計キー数値登録のトランザクションコード。
＊『**KP46**』……計画値登録のトランザクションコード。

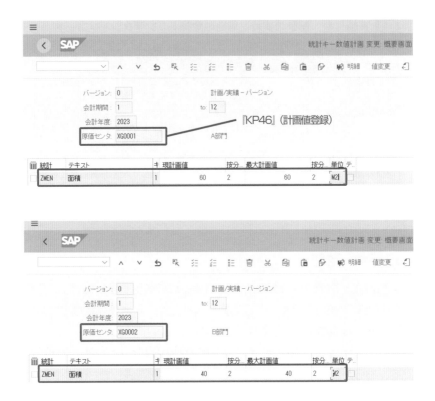

配賦処理で使う周期マスタ

SAPでは、共通する費用を共通部門に貯めておき、それをそれぞれの部門に配賦することができますが、その配賦ルールを登録しておけるのが**周期マスタ**です。周期マスタには、配賦基準として統計キー数値を設定することができ、また直接、配賦比率を設定することもできます（図2）。周期マスタの登録は、『KSU1』*を使って行います。

＊『**KSU1**』……実績配賦の周期登録のトランザクションコード。

図2 周期の登録例

配賦処理の実行は、『KSU5』*を使って行います（図3）。

図3　周期の実行例

配賦処理の例として、統計キー数値のZMENを使って、共通部門*に発生した消耗品費10万円を、A部門に60㎡相当分（6万円）、B部門に40㎡相当分（4万円）を配賦した結果をお見せします。

まず、原価センタ「XG0099 共通部門」では、発生した消耗品費10万円と配賦した結果の-10万円が二次原価要素*の1000100に表示されます（図4）。

図4　周期の実行結果①

| Kostenstellen: Ist/Plan/Abweichung | 日付: 2023/07/22 | | ページ: > 2 | 2 |

バリエーション: 原価センタ
∨ 🗂 原価センタグループ
　🗐 XG0001 A部門
　🗐 XG0002 B部門
　🗐 XG0099 部門共通

原価センタ/グループ　　XG0099　　　　部門共通
責任者:　　　　　　　　hm
レポート期間:　　　　　> 4　　　4 2023

列: 　　1/ 2

Debit	Act. Costs	Plan Costs	Var.(Abs.)	Var.(%)
826700　消耗品費	100,000		100,000	
* 借方	100,000		100,000	
1000100　配賦原価要素	100,000-		100,000-	
* A,H,L	100,000-		100,000-	

＊『KSU5』……実績配賦の実行のトランザクションコード。
＊共通部門……例えば、共通原価センタなどが該当する。

＊二次原価要素……配賦結果などを費目として表示するためのもの。

そして、原価センタ「XG0001 A部門」に6万円が二次原価要素の1000100で配賦されています（図5）。

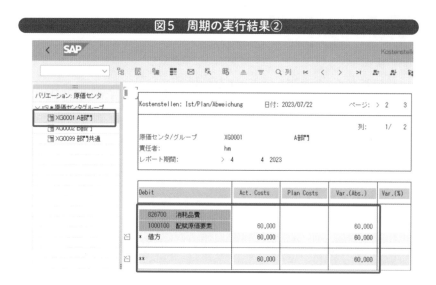

図5　周期の実行結果②

また、原価センタ「XG0002 B部門」に4万円が二次原価要素の1000100で配賦されています（図6）。

図6　周期の実行結果③

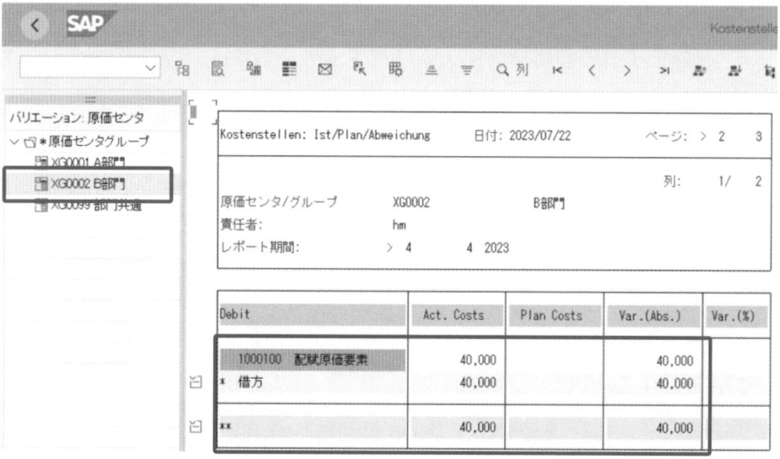

8 活動配分

● 活動タイプに単価を設定して配分する

● 単価×作業時間などの計算で直接費を計上する場合に使用

活動タイプとは

　活動タイプは、活動に紐づく費用を求める場合の単価として使用するものです。例えば、製造指図に労務費を計上する場合に活動タイプの単価を設定し、「単価 × 作業時間」の計算結果を労務費として製造指図に計上します。

　また、コンサルティング会社などでは、プロジェクトごとに人件費を計上する場合に、この活動タイプを使用することもあります。コンサルタントのランク別に活動タイプを利用して単価を設定し、社員が参画しているプロジェクトで消費した作業時間をかけ、「単価 × 作業時間」で人件費を計上します。そのほか、間接部門などの共通的な人件費を各部門に配賦する場合などにも使われます。

　活動タイプの登録は、『KL01』*を使います（図1）。また、計画値*の登録は、『KP26』*を使用します。

＊『**KL01**』……活動タイプ登録のトランザクションコード。

＊**計画値**……予算のこと。

＊『**KP26**』……単価を計画値に登録するトランザクションコード。

図1　活動タイプと計画値への単価登録例

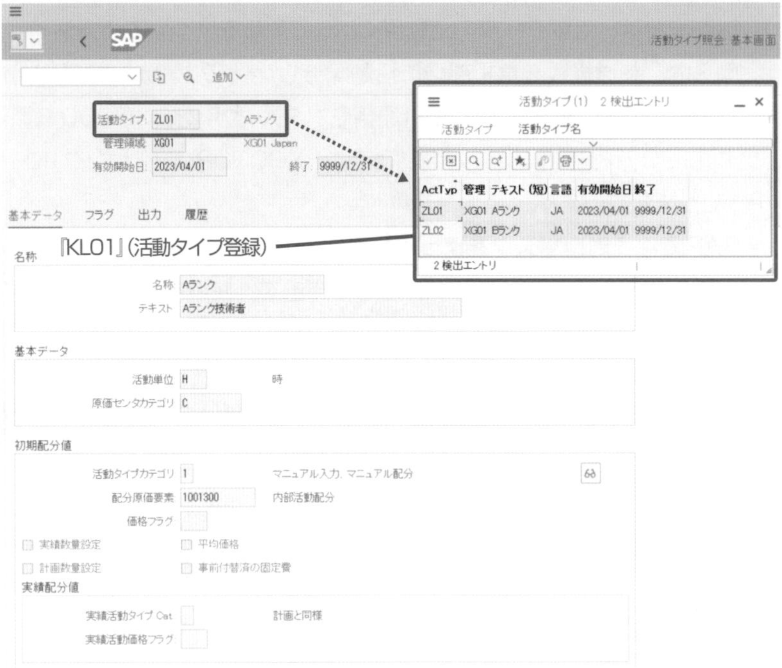

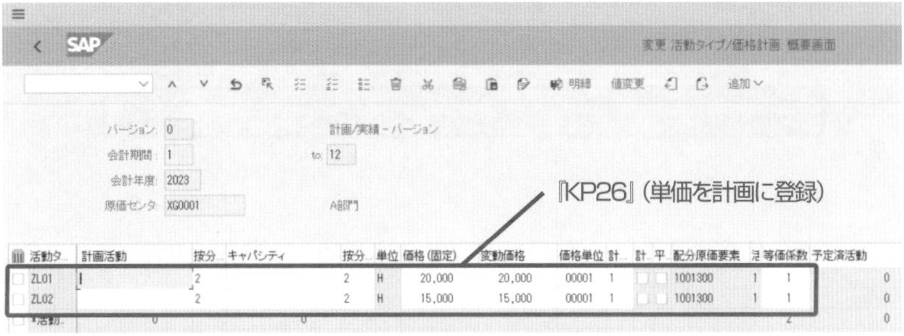

『KL01』(活動タイプ登録)

『KP26』(単価を計画に登録)

活動タ...	計画活動	按分	キャパシティ	按分	単位	価格 (固定)	変動価格	価格単位	計	平	配分原価要素	没	等価係数	予定済活動
ZL01		2		2	H	20,000	20,000	00001	1		1001300	1	1	0
ZL02		2		2	H	15,000	15,000	00001	1		1001300	1	1	0
活動...	0		0									2		0

活動配分の例

活動配分は、活動タイプの活動量に応じて原価を割り当てる方法です。

図2は、共通経費を負担部門に活動配分した例です。赤い枠で囲んだ部分の上段では、共通のXG0099（原価センタ）の費用を、XG0001（原価センタ）に20万円[*]で計上し、下の段では、XG0002（原価センタ）に15万円[*]で計上しています。

SAPでは、周期マスタを使って配賦する方法のほかに、このように活動タイプを使って活動配分を行うこともできます。使用するのは『KB21N』[*]です。

図2　共通原価センタから負担部門への活動配分の例

`KB21N』（活動配分入力）

---

[*] **20万円**……「単価：4万円（活動タイプ：ZL01）× 作業時間：5時間」で計算。
[*] **15万円**……「単価：3万円（活動タイプ：ZL02）× 作業時間：5時間」で計算。
[*] **『KB21N』**……活動配分入力のトランザクションコード。

9 利益管理

● 様々な切り口から利益を把握する

● 事業別、部門別、月別、対予算、対前年などと対比することで儲けや問題の発見につなげる

利益管理とは

　利益管理についてですが、会社全体の利益は、財務諸表の貸借対照表や損益計算書で把握できます。

　利益には、売上総利益や営業利益、経常利益、税引前利益、税引後利益などがあります。管理会計では、この中から経営者が重要と思っている利益を様々な切り口から把握できるようにします。例えば、月別に売上総利益や営業利益などを並べて、推移状況を見る場合があります（表1）。

表1 月別推移損益計算書の例

勘定科目／月	4月	5月	6月	7月	8月	9月	10月	11月	12月	1月	2月	3月	計
売上高													
売上原価													
【売上総利益】													
販売費および一般管理費													
【営業利益】													
営業外収益													
営業外費用													
【経常利益】													
特別利益													
特別損失													
【税引前利益】													
法人税等													
【税引後利益】													

さらには、これを事業別や部門別など、もう少し詳細なレベルで把握したいというニーズもあります。

また、予算と比較して損益計算書上の各費目や利益を見る場合もあります。予算は、当初予算や見通し予算などがあります。特に、見通し予算では、計画した月の予算を実績に置き換えて、未到来の月分を見通し予算として計画した場合、当期の見通しの損益がどうなるのかを把握したいというケースもあります（表2）。

表2 月別実績対予算推移損益計算書の例

勘定科目／月	4月			5月			3月			合計		
	実績	予算	差異	実績	予算	差異	実績	予算	差異	実績	予算	差異
売上高												
売上原価												
【売上総利益】												
販売費および一般管理費												
【営業利益】												
営業外収益												
営業外費用												
【経常利益】												
特別利益												
特別損失												
【税引前利益】												
法人税等												
【税引後利益】												

このほか、対前年との対比や、3期比較で損益計算書を見たいという場合もあります。また、CO-PA（収益性分析）サブモジュールを使って収益性セグメント別に粗利益を把握することもあります。これらはBIツール*などを使って視覚的に見せることで、一目でわかるようにすることも必要になってきます。

---

* **BIツール**……Business Intelligenceツールの略。企業が蓄積しているデータを分析・可視化し、経営や業務に役立てる。

10 損益分岐点売上高

- 損益分岐点売上高を把握することで儲けが出る売上高がわかる
- 損益分岐点売上高の計算方法を理解しよう

損益分岐点売上高とは

　会社が儲かっていくための1つの判断材料として、損益分岐点売上高を理解しておく必要があります。

　損益分岐点売上高は、儲けがトントンになる売上高のことです。売上がこの損益分岐点を上回れば儲けが増えていきます。逆に下回れば損が拡大するということになります（図1）。

図1　損益分岐点売上高とは

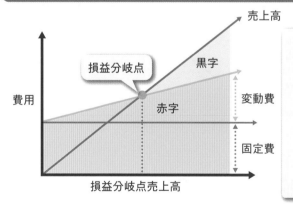

- 損益分岐点とは、儲けがトントンになる売上高のこと
- 売上が損益分岐点を上回れば儲けが増え、下回れば損をする
- ポイントは、固定費と変動費に分けて把握できること

損益分岐点＝固定費 ÷（1－（変動費 ÷ 売上高））

ポイントは、費用を**固定費**と**変動費**に分けて把握することです。例えば、会社を作る時、どれぐらいの売上が上がれば儲けが出るのか、計画を立てます。その時の目安にするのが損益分岐点売上高です。売上に連動して増加する変動費と、売上に関係せずに一定で発生する固定費に分けて把握することで、この損益分岐点売上高を知ることができます。

　損益分岐点売上高は、「固定費÷(1－(変動費÷売上高))」の計算式で求めることができます。

損益分岐点売上高の計算例

　例題を使って、損益分岐点売上高を計算してみましょう。売上高が200万円、変動費が50万円、固定費が120万円という例題です。これをもとに説明していきましょう。

　これを計算式の「固定費÷(1－(変動費÷売上高))」に当てはめ、「固定費120万円 ÷ (1 － (変動費50万円 ÷ 売上高200万円))で計算します。すると、損益分岐点売上高は、160万円となります。この時の変動費は40万円、固定費は変わりませんので、120万円のままです(図2)。

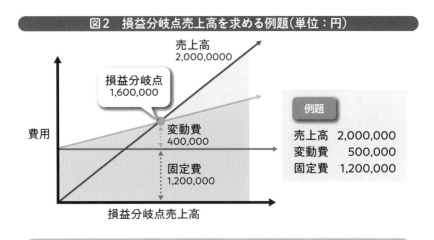

図2　損益分岐点売上高を求める例題(単位：円)

売上高
2,000,0000

損益分岐点
1,600,000

費用

変動費
400,000

固定費
1,200,000

損益分岐点売上高

例題
売上高　2,000,000
変動費　　500,000
固定費　1,200,000

固定費1,200,000÷(1－(変動費 500,000÷ 売上高 2,000,000))=1,600,000

11　変動損益計算書

● **変動費と固定費に分けた損益計算書**

● **限界利益を知ることで今後のビジネス展開に役立つ**

もう1つの損益計算書

　もう1つの損益計算書として、先ほどの損益分岐点売上高を求める際に使用した変動費、固定費に分けて損益計算書を作る**変動損益計算書**について説明します。

　変動損益計算書は、**直接原価計算**とも呼ばれるもので、製造費用を変動費と固定費に分け、変動費で原価を計算する方法です。ここでは、直接原価計算方法を使って、求めた損益分岐点売上高をもとに変動損益計算書を作成してみましょう。SAPでは、**CO-PA（収益性分析）サブモジュール**を使用して作成します。

　先ほどの例題の売上高が200万円、変動費が50万円、固定費が120万円でしたので、この場合の経常利益は30万円になります。

　一方、計算で求めた損益分岐点売上高から、変動損益計算書を作成すると、損益分岐点売上高は160万円、変動費は、変動費率から求めた売上高160万円の25％である40万円、売上高から変動費を引いた限界利益が120万円になります。この限界利益から固定費の120万円を際し引いた経常利益が0円、つまり、トントンということになります（表1）。

　この例では、売上高が160万円を超えると利益が出るようになります。また、この場合の限界利益率は、「限界利益120万円 ÷ 売上高160万円」で計算すると75％です。この限界利益率の大きい商品を見つけて、伸ばしていくことで利益を増やしていくことが可能になります。また、固定費の

120万円は、売上に関係なくかかるコストですので、常に低減する方策を講じていくことになります。

表1 変動損益計算書の例（単位：円）

費目	例題	変動損益計算書	コメント
売上高	2,000,000	1,600,000	損益分岐点売上高
変動費	500,000	400,000	売上の25%
（変動費率）	25%	25%	変動費÷売上高
【限界利益】	1,500,000	1,200,000	売上高−変動費
限界利益率	75%	75%	限界利益÷売上高
固定費	1,200,000	1,200,000	どちらでも変わらない
【経常利益】	300,000	0	ちょうど利益がゼロになる

12 財務分析

● 分析の視点と分析ツールを知っておこう

● 財務分析指標にはどのようなものがあるか知っておこう

分析の視点と分析ツール

　財務分析を行うことで、会社の収益性や生産性、成長性、安全性などがわかるようになります。投資家や、会社の経営者にとっても非常に重要な経営指標となります。貸借対照表、損益計算書、キャッシュフロー計算書などの財務諸表をもとに分析できます。

　具体的には、前期や前々期などとの比較、予算（当初予算、見通予算）との比較、同業他社などと比較しながら分析していきます。そのほか、ここにはない指標として、見込み受注金額や受注金額、件数なども使いながら、過去、現在、未来といった時間軸とともに分析していきます。

　SAPでは、様々なBIツールやAnalyticsアプリ＊が用意されています。これらを活用して経営指標のビジュアル化を行うことができます。

収益性の財務分析指標

　財務分析指標を収益性、生産性、成長性、安全性の4つの視点に分けて説明していきましょう。それぞれの財務分析指標の計算式は、表1の通りです。

　まず収益性の財務分析指標には、主に次のような指標があります。

①売上高総利益率

　いわゆる粗利率と言われるものです。

＊ **Analyticsアプリ**……データ分析アプリ。例えば、SAP Analytics Cloudは、分析、予算・計画、予測、機械学習、デジタルボードルーム、Analytics Hubなどの機能を持つ。

②売上高営業利益率

営業活動により稼ぎ出した利益の割合を知ることができます。

③売上高経常利益率

会社が総合的に稼ぎ出した利益の割合を知ることができます。

④売上高純利益率

最終的に残った利益の割合を把握できます。

⑤純資本利益率（ROA*）

株主が出したお金(資本)に借りたお金を含めた金額を使って獲得した利益の割合を示します。

⑥自己資本利益率（ROE*）

株主が出したお金(資本)を使って獲得した利益の割合を示します。

⑦総資本回転率

売上に対して回転した総資本の回数を知ることができます。

生産性の財務分析指標

生産性の財務分析指標を見ていきましょう。

⑧労働生産性

社員１人あたりの生産性を把握できます。計算式の中の付加価値*は、中小企業庁方式による「売上高 － 外部購入価額」で計算します。外部購入価額は、卸売業なら商品仕入高、製造業なら原材料費や外注費などになります。

⑨資本生産性

この割合が高ければ高いほど、生産性が高い会社だと言えます。

＊ **ROA**……Return On Assets の略。

＊ **ROE**……Return On Equity の略。

＊ **付加価値**……外部から調達したコストを除いた会社が生み出した価値のこと。具体的には、儲け、給与・賞与、家賃、支払利息などの総額。

成長性の財務分析指標

　さらに**成長性**の財務分析指標を見ていきましょう。それぞれ前期を分母として求めます。

⑩売上高伸び率

　前期と比較した売上の増減率がわかります。

⑪営業利益伸び率

　前期と比較した営業利益の増減率がわかります。

⑫経常利益伸び率

　前期と比較した経常利益の増減率がわかります。

安定性の財務分析指標

　最後に、安全性の財務分析指標を見ていきましょう。
　安全性は、主に貸借対照表上の数字を使って求めることができます。

⑬流動比率

　会社の支払い能力を見ることができます。

⑭当座比率

　すぐ支払いできる能力を見ることができます。

⑮自己資本比率

　借金が適正かどうかの判断材料となります。

⑯固定比率

　長期の安全性の判断材料となります。

⑰固定長期適合率

　固定比率と同様に、長期の安全性の判断材料となります。

表1 各財務分析指標と計算式

分類	指標名称	計算式	コメント
収益性	①売上高総利益率	売上総利益÷売上高×100	いわゆる粗利率
	②売上高営業利益率	営業利益÷売上高×100	営業活動により稼ぎ出した利益
	③売上高経常利益率	経常利益÷売上高×100	会社が総合的に稼ぎ出した利益
	④売上高純利益率	純利益÷売上高×100	最終的に残った利益
	⑤純資本利益率（ROA）	経常利益÷総資本（自己資本＋他人資本）×100	借りたお金を含めて獲得した利益
	⑥自己資本利益率（ROE）	当期純利益÷自己資本×100	株主が出したお金で獲得した利益
	⑦総資本回転率	売上高÷総資本（自己資本＋他人資本）	売上に対して回転した総資本回数
生産性	⑧労働生産性	付加価値（外部からの購入費を除く）÷社員数	社員一人当たりの生産性
	⑨資本生産性	付加価値（同上）÷総資本×100	高いほど少ない資本で生産性高い
成長性	⑩売上高伸び率	（当期売上高－前期売上高）÷前期売上高×100	前期と比較した売上の増減率
	⑪営業利益伸び率	（当期営業利益－前期営業利益）÷前期営業利益×100	前期と比較した営業利益の増減率
	⑫経常利益伸び率	（当期経常利益－前期経常利益）÷前期経常利益×100	前期と比較した経常利益の増減率
安全性	⑬流動比率	流動資産÷流動負債×100	会社の支払い能力を見る
	⑭当座比率	当座資産÷流動負債×100	すぐ支払できる能力をみる
	⑮自己資本比率	自己資本÷総資本×100	借金が適正かどうかの判断材料
	⑯固定比率	固定資産÷自己資本×100	長期の安全性を判断
	⑰固定長期適合率	固定資産÷（固定負債＋自己資本）×100	長期の安全性を判断

第 **6** 章

税務会計

第6章では、税務会計について学びます。税金の

仕組みは複雑で、全部を理解することは困難です。

そこで、この章では、会社にまつわる主な税金につ

いて、会社と社員に分けて説明していきます。会社

が関係する主な税金には、法人税、法人住民税、

事業税、事業所税、消費税、固定資産税、源泉徴収

税、償却資産税などがあります。社員に関係する税

金として、所得税、住民税があります。この仕組み

を理解しておくことで、儲けの中から、いくらを税金

として納税する必要があるかがわかります。

1 SAPでの税金の扱い方

- 主にFIモジュール、FI-AAモジュール、HRモジュールが関係
- 会社にかかる税金と社員にかかる税金がある
- 国税と地方税がある
- 会計年度(事業年度)ごとに計算して申告・納税する

主にFI、FI-AA、HRモジュールが関係

　会社には様々な税金が関係しますが、その中で最も影響が大きいのが消費税です。

　消費税は、モノやサービスを購入・販売した時などに発生し、経理部門だけではなく、購買部門や生産部門、営業部門などにも関係するため、MM(購買・在庫管理)モジュール、PP(生産管理)モジュール、SD(販売管理)モジュール、HR(人事管理)モジュール、FI(財務会計)モジュールなどに関係してきます(図1)。

　税金との関係が特に深いのがFIモジュールで、例えば、法人税、法人住民税、事業税、源泉徴収税については、FIモジュールで対応し、消費税の計算ルールなどのパラメータ設定は主にFI-GL(総勘定元帳)サブモジュール、償却資産税については、FI-AA(固定資産管理)サブモジュールで対応します。

　なお、社員の所得税や住民税は、HRモジュールで対応します。

図1　主な税が関係するSAPモジュール

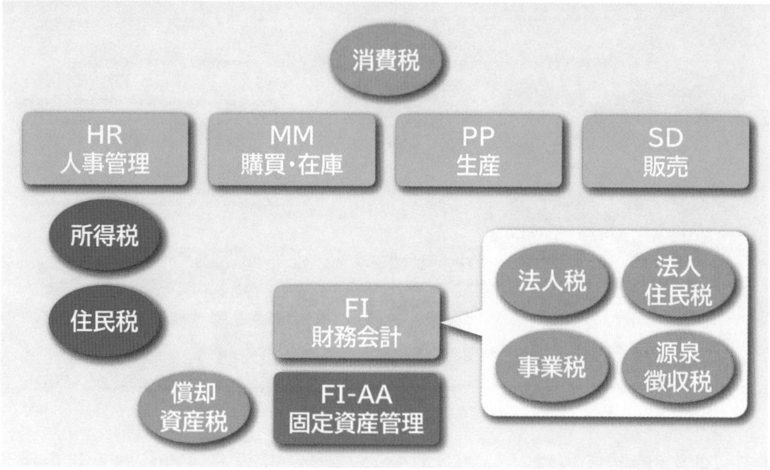

関係する税金

　税金を整理して、それぞれ見ていきましょう。大きく分けて、会社に関係する税金と社員に関係する税金があります。

　会社に関係する主な税金としては、法人税、法人住民税、事業税、事業所税、消費税、固定資産税、償却資産税、源泉徴収税などがあります。社員に関係する税金として、所得税、住民税があります。

　税金には国に納める国税と、各都道府県や市区町村などに納める地方税があります。また、両方に納めるものもあります。

　国に納める国税の代表例は、法人税、消費税、源泉徴収税などです。消費税の一部は、国から都道府県、市区町村へ按分して交付されますので、国税でもあり、地方税でもあると言えます。

　また、地方税の代表例は、法人住民税、事業税、事業所税、固定資産税、償却資産税などがあります。

　納税先は、国、都道府県、市区町村などになります。会社にかかる各税金は、会社の事業年度ごとに計算して、申告・納税します。社員にかかる税金は、カレンダーの年ごと（1月〜 12月）に計算します（図2）。

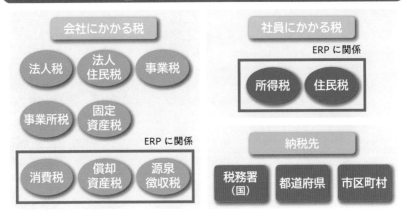

図2　どのような税金がある？

なお、赤枠の税は、コンピュータシステムに関係する税金となります。

2 税金の仕組み① 会社関係

法人税とは

法人税は、1年間*の収益から費用を引いて求めた利益に、法人税法で認める益金と損金を加算・減算して求めた課税所得に対して、法人税率*をかけて計算します（図1）。

図1 法人税の納税の仕組み（3月決算の会社の場合）

【会社にかかる国税】

*1年間……期首月～決算月までの期間。会社によって異なる。
* 法人税率……本書執筆時（2024年6月）は、基本的に15%～23%程度。

対象の事業年度、例えば3月決算の会社であれば、4月から翌年3月までの会計取引結果を財務諸表などにまとめて決算書として作成し、決算翌月から2ヵ月以内に申告書と一緒に、税務署に提出しなければなりません。また、計算で求めた法人税も決算翌月から2ヵ月以内に税務署に納税します。

法人住民税とは

　法人住民税は地方税で、人と同じように、会社も都道府県の公共サービスの恩恵を受ける代わりに、事業所(本店、支店それぞれ)が所在する都道府県に納税する税金です(図2)。

　法人住民税は、下記の法人税割と均等割を足したものになり、算出した金額を決算翌月から2ヵ月以内に都道府県、市区町村に申告・納税します。

● 法人税割

法人税額に都道府県用の税率と市区町村用の税率をかけて計算します。

● 均等割

資本金、従業員数別に各都道府県、市区町村が金額を定めています。

図2　法人住民税の納税の仕組み

【会社にかかる地方税】

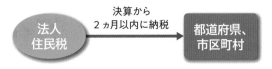

事業税とは

　事業税は、**法人事業税**とも呼ばれるもので、会社に関係する地方税です。道路、港、消防、警察などの様々な公共サービスを受けている会社が、その一部の費用を負担するものです。所得に事業税率をかけて計算します。決算の2ヵ月以内に納税します（図3）。

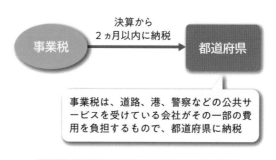

図3　事業税の納税の仕組み

【会社にかかる地方税】

決算から
2ヵ月以内に納税

事業税 → 都道府県

事業税は、道路、港、警察などの公共サービスを受けている会社がその一部の費用を負担するもので、都道府県に納税

事業税＝所得（≒利益）× 事業税率

事業所税とは

　事業所税も会社に関係する税金で、人口が30万以上の都市に事務所を持っている場合にかかる税金です（図4）。都市の環境整備や改善に役立てるもので、事務所が存在する都市に納税します。事業所税は、「資産割 ＋ 従業員割」で計算する仕組みになっています。

● **資産割**

　資産割は、東京23区の場合は、オフィスの床面積1㎡×数百円で計算します。

● **従業員割**

　従業員割は、東京23区の場合は、給与総額×税率で計算します。

これも決算の2ヵ月以内に納税します。なお、事業税、事業所税は、損金扱いできる点がほかの税金と異なります。

図4　事業所税の納税の仕組み

【会社にかかる地方税】

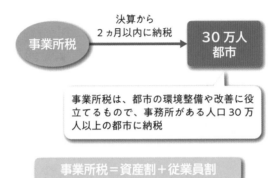

事業所税は、都市の環境整備や改善に役立てるもので、事務所がある人口30万人以上の都市に納税

事業所税＝資産割＋従業員割

固定資産税とは

1年以上の長期間に渡って使用・保有する土地や建物などの資産のことを固定資産と言い、**固定資産税**は、1月1日現在、会社が持っているその資産に毎年、かかる税金です(図5)。

税務署からいくら払うべきか通知があり、それに基づいて固定資産がある市区町村に納税します。これは個人の場合も同じで、マンションや戸建てを持っていると市区町村から納付書が届きます。

なお、固定資産税は、コンピュータシステムで考える必要がありません。

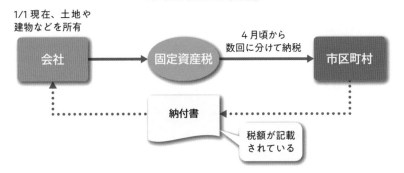

その他、会社に関係する税金として、消費税、償却資産税、源泉徴収税などがありますが、こちらは、コンピュータシステムに関係しますので、別節で、もう少し詳しく説明します。

コラム　貸借対照表と損益計算書のひな形

　貸借対照表や損益計算書を作成するフォーマットに、報告式と勘定式と呼ばれるひな形があります。報告式の貸借対照表は、残高を資産の部、負債の部、純資産の部と順に1つの列に並べて表示します。勘定式の貸借対照表は、左側に資産の部、右側に負債の部と純資産の部の残高を表示します。損益計算書の報告式では、収益、費用の金額を利益の表示も加えて1つの列に並べて表示します。また、勘定式の損益計算書は、左側に費用、右側に収益の金額を勘定科目別に表示します。

3 税金の仕組み② 社員関係

ワンポイント

● **所得税がかかる**

● **住民税がかかる**

所得税とは

社員に関係する税金の1つに、**所得税**があります。

所得税は、国税なので、国に納税します。会社は毎月の社員の給与から社会保険料などを控除した金額に所得税率をかけて社員の所得税を計算します。そして、給与から計算した所得税を差し引き、会社が所得税を預ります。会社は、翌月10日までに社員から預かった所得税を税務署に納税します。

12月に、1年間の給与の総額から社会保険料や生命保険料、配偶者控除、扶養控除などの控除金額を差し引いた金額*に対して所得税を計算し直します。これを**年末調整**と言います。年末調整結果の過不足分を本人に戻す(還付)か、追加徴収分を税務署に納税します。

毎年、1月末までに、会社は前年のそれぞれの社員の給料の支給総額を記載した**法定調書合計表**と、給与所得の**源泉徴収票***を税務署に提出します(図1)。社員から所得税を控除する仕組みは、ERPパッケージなどの給与関係のモジュールに組み込まれています。

---

* **1年間～金額**……課税対象金額と言う。

* **源泉徴収票**……1年間の収入と納付した所得税額を記載した書類のこと。

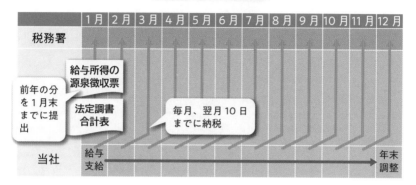

図1　所得税（社員にかかる税金）の納税の仕組み

住民税とは

　住民税も社員に関係する税金で、社員1人ひとりが住んでいる市区町村が「行政サービスの活動費に充てる」目的で徴収するものです。

　会社は、社員が1月1日時点で住んでいる各市区町村に、1月末までにそれぞれの社員の前年の年間の給与所得を記載した**給与支払報告書と総括表***を送付します。各市区町村では、それをもとに住民税を計算し*、5月頃に会社に社員1人ひとりの**住民税決定通知書**を送ってきます。6月から翌年5月までの月別の住民税が記載されています（図2）。

　年間12ヵ月分の住民税をそれぞれの月別に分けるため、12分の1にした時の端数は、おおむね6月に寄せている市区町村が多いです。ですので、6月と7月以降、給与計算時に住民税を入力し直すことが多いと思います。これを6月の給与〜翌年の5月の給与上から控除します。会社は、本人から預かった住民税を翌月の10日までに、社員が住んでいる市区町村に納税することになっています。

　イメージとしては、前年の住民税を今年に納税している形になります。社員から住民税を控除する仕組みは、ERPシステムなどの給与関係のモジュールに組み込まれています。

---

* **総括表**……各市区町村ごとに提出する給与支払報告書を束ねる書類のこと。会社名や対象の人数などを記入したもの。

* **住民税を計算し**……所得税の計算式とほぼ同じだが、控除金額や均等割などが所得税と異なる。

図2 住民税（社員にかかる税金）の納税の仕組み

【社員にかかる地方税】

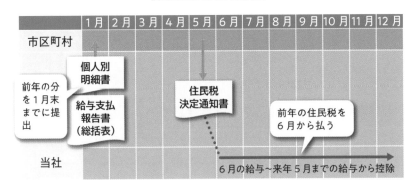

4 消費税

● 消費税は預かったものと先払いしたものがあり、税率は8%、10%

● 消費税の課税要件を知っておこう

● 納税する消費税額の計算方法を理解しよう

● 2023/10月から日本で導入されたインボイス制度についても理解しておこう

消費税の仕組み

　消費税は、商品の販売やサービスの提供、モノやサービスの購入などの取引にかかる税金です。日本では現在10%（一部8%）ですが、ケースによっては消費税がかからないものもあります。会社では、販売時に預かった仮受消費税*と購入時に支払った仮払消費税*の差し引き金額を税務署に納税します。

　例題を使って説明します。メーカーがスーパーに税込み1,100円（税10%）で商品を販売し、仕入れたスーパーでは、それを税込み3,300円（税10%）で消費者に販売した例です（図1）。なお、小数点以下の端数は、切り上げ、切り捨て、四捨五入のいずれかを選択できます。

　メーカーでは、1,100円のうちの100円を消費税として税務署に納税します。スーパーでは、消費者に3,300円で販売したので、これに含まれる消費税300円（仮受消費税）から、メーカーから商品を仕入れた時に加算されていた消費税100円を控除した200円を消費税として税務署に納税します。税務署には、メーカーからの100円と、スーパーからの200円のそれぞれが消費税として入ってきます。消費者は、この300円を負担したことになります。

＊ **仮受消費税**……Output tax と言う。

＊ **仮払消費税**……Input tax と言う。

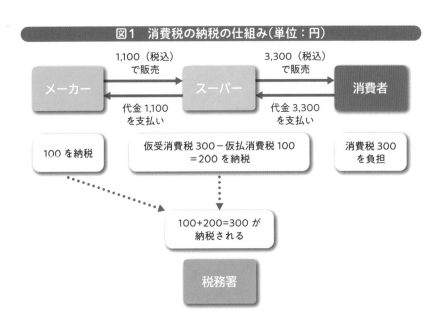

図1　消費税の納税の仕組み（単位：円）

消費税の仕訳の例

　消費税の仕訳の例を見ていきましょう。販売した時の仮受消費税の例です。本体金額商品3,000円のものに消費税10％を加算して得意先に販売し、代金を現金で受け取った場合の仕訳です。

　[借方]現金 3,300円／[貸方]売上　　　3,000円
　　　　　　　　　　　　仮受消費税 300円

　次に、商品を仕入れた場合の仕訳の例を見てみましょう。商品を1,100円（10％の消費税込み）で仕入先から仕入し、代金を現金で支払った場合の仕訳です。

　[借方]仕入　　　1,000円／[貸方]現金 1,100円
　　　　仮払消費税 100円

　また、消費税を納税する際の仕訳の例も確認しておきましょう。決算時に預かった仮受消費税と、先払いした仮払消費税を未払消費税に振り替える場合の仕訳です。

[借方]仮受消費税 300円／[貸方]未払消費税 300円
[借方]未払消費税 100円／[貸方]仮払消費税 100円

さらに未払消費税の残額を税務署に納税する場合の仕訳です。

[借方]未払消費税 200円／[貸方]預金 200円

　また、2023年10月から導入された**インボイス制度***対応の経過措置として、**免税事業者***から仕入た場合の仮払消費税は、例えば、1,100円（10%税込み）の商品を仕入した場合の10%のうちの80%部分を仮払消費税として計上することになりました。残りの20%部分については、2つの仕訳方法があります。①発生元の勘定に加算する方法で処理する場合の仕訳は、次の通りです。

[借方]仕入　　1,020円／[貸方]現金 1,100円
　　　仮払消費税 80円

　また、②雑損とする方法で処理する場合の仕訳は、次の通りです。

[借方]仕入　　1,000円／[貸方]現金 1,100円
　　　仮払消費税 80円
　　　雑損　　　20円

　なお、その後、仮払消費税の控除率を50%、0%とする経過処置が公表されています（表1）。

---

* **インボイス制度**……適正な納税の実現を目的とした消費税の申告制度で、複数税率に対応した消費税の仕入税額控除方式となっている。導入後は、仕入税額控除を受けるために、一定の要件を満たした適格請求書（インボイス）の発行・保存が必要になる。8-7節「インボイス制度対応の注意点」を参照。
* **免税事業者**……適格請求書（インボイス）発行事業者でない事業者のこと。

表1 仮払消費税の経過処置

期間	仮払消費税の控除率
2023年10月1日〜2026月9月30日	80%
2026年10月1日〜2029年9月30日	50%
2029月10月1日以降	0%

消費税の課税要件

消費税の課税要件をおさえておきましょう。消費税は、商品の販売やサービスの提供、モノやサービスの購入などの取引にかかる税金です。消費税が課税される要件(条件)は、次の4点で、いずれもAND条件*です。

①国内取引でかつ、

②事業者が事業として行う取引でかつ、

③対価を得て行う取引でかつ、

④資産の譲渡、貸付または役務の提供を行う場合

消費税は、国内において、会社が事業として対価を得て行う資産の譲渡などに課税されるもので、原則、国内の消費に負担を求める税金ということになります。

課税要件で使われる用語の定義もしておきましょう。不課税、課税、非課税、免税という用語です(図2)。

● 不課税

消費税の課税要件のいずれかに該当しないもので、例えば、給与、株配当、国外での宿泊や飲食などが該当します。そして、消費税の課税要件を満たしているものとして、課税、非課税、免税があります。

● 課税

実際に消費税が課税される取引になります。

---

* AND条件……①〜④のすべての条件を満した場合。

● 非課税

　消費税の性格になじまないもの、社会政策的に配慮されたもので、例えば、土地の売買、商品券、株の売買、医療費、学校の授業料などがあります。

● 免税

　商品を輸出する場合になります。日本で消費するのではなく、外国で消費するものなので、日本では消費税をかけずに、その輸出先の国で消費された時に消費税がかかることになります。

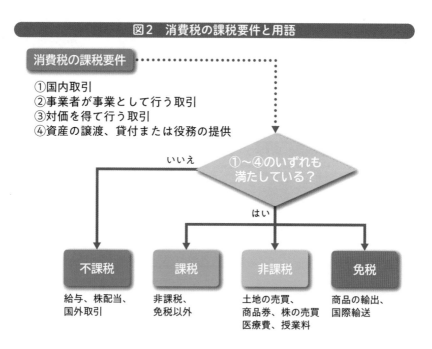

図2　消費税の課税要件と用語

納税する消費税額の計算方法

　納税する消費税額の計算方法は、**簡易課税**と**原則課税**に分かれます（図3）。

● 簡易課税

　消費税の基準期間*の売上高が5,000万円以下の会社は、簡易課税*を

---

* **基準期間**……前々年の事業年度。
* **簡易課税**……納付すべき消費税額をみなし仕入率を使って簡単に計算できる方法。基準期間の売上高が5,000万円以下の会社が採用可能。

選択できます。簡易課税を選択した場合は、それぞれの事業別にみなし仕入率*が定められています。

- 卸売業……90%
- 小売業……80%
- 製造業……70%
- サービス業……50%
- 不動産業……40%

この率を課税売上高*にかかる消費税額にかけて、仕入にかかる消費税額を求めます。納付すべき消費税額は、「課税売上高にかかる消費税額 −（課税売上高にかかる消費税額 × みなし仕入率）」で計算します。課税売上高をベースに、消費税額を計算できますので、事務処理的には簡単になります。

図3　納税する消費税額の計算方法

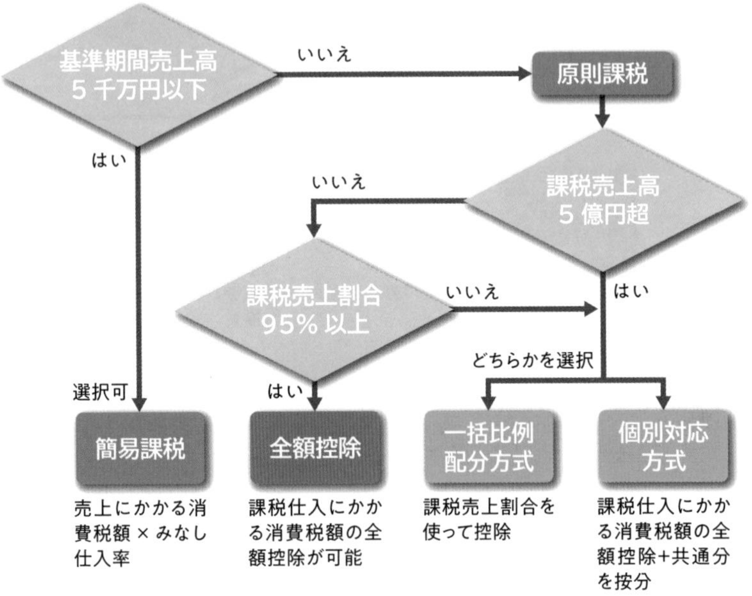

基準期間売上高
5千万円以下

いいえ → 原則課税

はい

課税売上高
5億円超

いいえ

課税売上割合
95%以上

いいえ → はい

どちらかを選択

選択可

簡易課税	全額控除	一括比例配分方式	個別対応方式
売上にかかる消費税額×みなし仕入率	課税仕入にかかる消費税額の全額控除が可能	課税売上割合を使って控除	課税仕入にかかる消費税額の全額控除+共通分を按分

はい（全額控除）

* **みなし仕入率**……国税庁が定めた、仕入時にこれだけ消費税が発生したであろうという率。業種ごとに定められている。

* **課税売上高**……消費税がかかる売上高。

● 原則課税（課税売上高が5億円以下）

　消費税の基準期間の売上高が5,000万円を超える会社は、原則課税＊により計算することになります。

　こちらも条件があって、まず課税売上高が5億円以下の場合で、課税売上割合＊が95％以上の場合は、課税仕入れにかかる消費税額の全額を控除できます。

● 原則課税（課税売上高が5億円超）

　課税売上高が5億円を超える会社は、**一括比例配分方式**か**個別対応方式**のどちらかで計算します。

　一括比例配分方式では、上記の課税売上割合を使って控除できる消費税額を計算します（図4）。

図4　一括比例配分方式

一括比例配分方式

課税売上割合を使って、課税仕入で発生した消費税額を控除する。

$$課税売上割合（％）＝ \frac{課税売上＋免税売上}{課税売上＋免税売上＋非課税売上高}$$

　個別対応方式では、課税仕入れにかかる消費税額の全額を控除できる部分と課税・非課税共通分を按分することで対応します（図5）。

　（A）の課税売上に対応して仕入れた課税仕入れ分は、税率分を全額控除できます。しかし、（B）の課税売上に対応するものと非課税売上に対応するものが混在している（共通）課税仕入れ分は、課税売上割合などで按分して、課税売上相当分の控除可能な消費税額を計算します。

　なお、（C）の非課税売上に対応して仕入れた課税仕入れ分は、全額控除不可となっています。

＊ **原則課税**……簡易課税以外の方法、つまり、全額控除または、個別対応方式、一括比例方式のいずれかで、仕入にかかる消費税額を計算するという原則。
＊ **課税売上割合**……税抜き総売上高のうちの課税売上と非課税売上の割合のこと。図4を参照。

図5　個別対応方式

個別対応方式

下記のように分けて対応する。

> （A）課税売上に対応して仕入れた課税仕入分は、税率分を全額控除
> （B）課税売上と非課税売上が混在している（共通）課税仕入分は、
> 　　　課税売上割合などで按分して、課税売上相当分の消費税を控除
> （C）非課税売上に対応して仕入れた課税仕入れ分は、全額控除不可

　会社の業態などによっても違いますが、年間(期首月〜決算月)の売上にかかる仮受消費税から控除可能な仕入れにかかる仮払消費税を差し引いて、差額を決算翌月から2ヵ月以内に税務署に納税します。

　SAPのERPパッケージには、日々の取引から消費税金額を計算する仕組みが標準機能として組み込まれています。消費税は、会社のコンピュータシステムに関係しますので覚えておきましょう。

5 源泉徴収税

● 弁護士や税理士、司法書士などに報酬を支払った場合に源泉徴収する必要がある

● 弁護士や税理士、司法書士、支払金額別に税率が定められている

● 預かった源泉徴収税を本人に代わって会社が国に納める

源泉徴収税

　源泉徴収税は、弁護士や税理士、司法書士などへ支払いをする際に、いったん会社が計算して預り、それを税務署に納税する仕組みになっています（図1）。

図1　源泉徴収税の納付の仕組み

【会社が預かる税金】

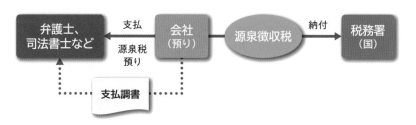

　100万円までは10.21%、100万円を超える部分には20.42%の源泉徴収税がかかります（表1）。なお、司法書士も同様ですが、1万円までは源泉徴収税がかかりません。

表1 源泉徴収税の税率

対象	金額	税率
弁護士など	0円～1,000,000円	10.21%
	1,000,001円以上の金額	20.42%
司法書士	0円～10,000円	0%
	10,001円～1,000,000円	10.21%
	1,000,001円以上の金額	20.42%

　弁護士や司法書士などへ支払う報酬から預かる源泉徴収税の計算処理を、SAPなどのERPパッケージで対応できます。

源泉徴収税計算の例題

　例題をもとに、源泉徴収税額の計算をしてみましょう。132万円（消費税10%込み）の弁護士への支払金額と源泉徴収税額は、いくらになるかという例題です。源泉徴収税の計算および納付手順は、次の通りです。

1 本体金額と消費税に分ける

　「132万円 ÷ 110 × 10 = 12万円（消費税額）」で、本体金額120万円、消費税12万円になります。

2 源泉徴収税額を計算する

　100万円までの部分は「100万円 × 10.21% = 10万2,100円」、100万を超える部分は「20万円 × 20.42% = 4万840円」で、源泉徴収税額の合計は 14万2,940円なります。

3 支払金額を計算する

　「132万円 − 14万2,940円 = 117万7,060円」を支払ます。

4 源泉徴収税額を納税する

　翌月10日に14万2,940円を税務署に納税します。

源泉徴収税の会計仕訳の例

　例題をもとに仕訳してみましょう。まず弁護士に支払手数料を支払った時の仕訳は、次のようになります。

[借方]支払手数料 1,200,000円／[貸方]預金 1,177,060円
　　　　仮払消費税　　120,000円　　　　　預り金 142,940円

　そして、翌月10日に預かった源泉徴収税を税務署に納付しますが、この時の仕訳は、次のようになります。

[借方]預り金 142,940円／[貸方]預金 142,940円

コラム　小切手について

　小切手は、現金の代わりになる金額が記入された紙で、取引の際に支払いを行うことができる有価証券の一種です。銀行に提示すれば、いつでも現金化できます。小切手を受け取った場合は、現金勘定で処理します。小切手を振り出した場合は、当座預金勘定で処理します。なお、当座預金は、普通預金と違ってマイナス残高が認められる銀行口座です。近年のネットバンキングや電子商取引の社会では、小切手は少なくなってきました。

6 償却資産税

- 1/1日現在保有する構築物、機械装置などの償却資産に課税される
- 納税先は、設置場所の各市区町村
- コンピュータを使って申告書を作成してよい

償却資産税

償却資産とは、取得価額が10万円以上で、1年以上使用する構築物、機械装置、船舶、航空機、車両および運搬具、工具、器具および備品などです。具体的な償却資産は、表1のようなもので、見ておわかりのように、対象としている資産は、固定資産と似ています。

表1 償却資産の具体的な例

対象となる資産	例	条件
①構築物	門、舗装路面、庭園など	10万円以上、1年以上使用するもの
②機械装置	製造設備等の機械、装置など	同上
③船舶	ボート、釣船、漁船など	同上
④航空機	飛行機、ヘリコプターなど	同上
⑤車両及び運搬具	大型特殊自動車など	同上
⑥工具器具備品	パソコン、看板、金型など	同上

償却資産税は、1月1日現在、会社が持っている償却資産に毎年かかる税金です。1月31日までに、設置している市区町村に申告する必要があります。前年の1月〜12月の間に取得したもの、減少したもの、現在使用中のものが対象になります（図1）。

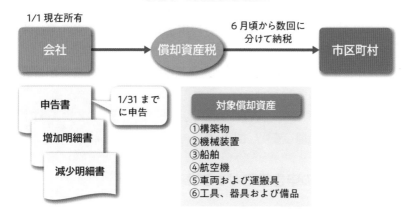

図1　償却資産税の納税の仕組み

この償却資産税の処理をSAPなどのERPパッケージで対応できます。

償却資産税の評価額の計算方法

　コンピュータを使って申告書を作成する場合は、設置されている市区町村別にその年の償却資産の評価額を償却資産別に計算します。計算方法は、固定資産の減価償却計算方法に似ています。1月1日時点の課税対象額（簿価）を取得価額、耐用年数、償却率を使って求めます。

　例えば、東京都の場合は、下記のような計算ルールが定められています。

- 償却資産税は、市区町村が管轄する税金
- 1月1日現在、会社の本店・支店にある償却資産を本店・支店の所在地の市区町村に納税
- 計算対象期間は、1月〜12月の会計期間
- 償却資産税は「償却資産の課税対象額（市区町村ごとの合計課税対象額）× 税率（150万円未満は免税）」で計算
- 償却方法は、旧定率法を使用（耐用年数は2年〜52年）
- 取得年は、償却金額の1/2を減価償却

- 償却限度額は95%（残存簿価は5%）
- 対象の償却資産は、構築物、機械装置、船舶、航空機、車両および運搬具、工具器具備品
- 年4回（6月、9月、12月、2月）に分けて納税（東京都の場合は、6月頃に都税事務所等から納税通知書が交付される）
- 申告書、増加明細、減少明細を各市区町村へ1月31日までに提出

　各市区町村別に償却資産の申告の手引き＊が用意されていますので詳細は、そちらを参照してください。

償却資産税の申告書のサンプル

　アウトプットが求められる帳票は、申告書、増加明細、減少明細の3つです（図2）。

- 償却資産税申告書（償却資産税台帳）
- 種類別明細書（増加資産・全資産用）
- 種類別明細書（減少資産用）

＊ **各市区町村別〜手引き**……東京都の固定資産税（償却資産）申告の手引きのリンク先（https://www.tax.metro.tokyo.lg.jp/shisan/info/R5_shinkokutebiki.pdf）を参照。

図2 東京都の償却資産税申告書 の例(サンプル3つ)

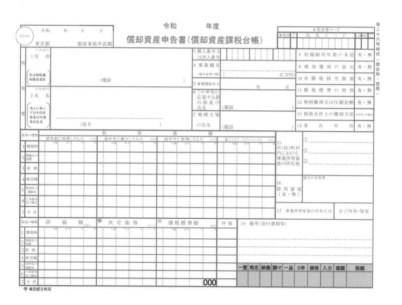

＊ **東京都〜申告書**……東京都主税局（https://www.tax.metro.tokyo.lg.jp/shomei/index-z10.html）の Web サイトを参照。

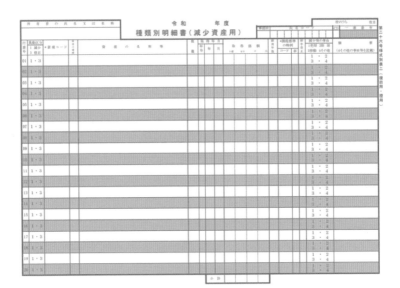

第 **7** 章

社会保険

第7章では、社会保険について学びます。SAPで
は、HRモジュール、FIモジュールが関係します。毎
月の給与明細などに表示される健康保険、厚生年
金、雇用保険の仕組みについて概要を理解していた
だきます。これらは、給与や賞与計算結果を会計伝
票として仕訳する場合に関係してきます。この仕組
みを理解しておくことで、社会保険の会計伝票の仕
訳起票方法がわかってきます。

1 SAPでの社会保険の扱い方

ワンポイント

- HR、FIモジュールが関係
- 社会保険は、健康保険、厚生年金、労働保険の3つがある
- 労働保険は、雇用保険と労災保険がある

HRモジュールとFIモジュールが関係

社会保険は、SAPではHRモジュールとFIモジュールが関係します。

まずHRモジュールを使って、毎月の給与計算時に健康保険料、厚生年金保険料、雇用保険料を計算し、給与明細の控除項目に表示します。さらに年末調整時には、これらの社会保険料を控除金額として反映させます。その結果を源泉徴収票の作成や、それぞれの社員の年間の源泉徴収簿、賃金台帳へとつなげていきます。

また、会社が社員から預かった健康保険料、厚生年金保険料、雇用保険料は、FIモジュールを使用して会計処理を行います（図1）。

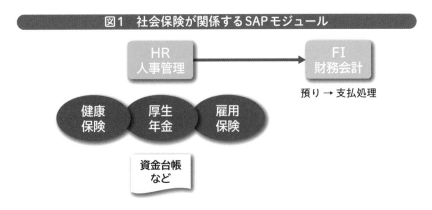

図1　社会保険が関係するSAPモジュール

社会保険全体の仕組み

　社会保険全体の仕組みについて理解しておきましょう。社会保険は、皆さんが毎月、給料をもらう際にいったん会社が預かり、その後、会社が健康保険組合、協会けんぽ*、年金事務所などの関係機関に納付する仕組みになっています。

　社会保険には、**健康保険**、**厚生年金**（こうせい）、**労働保険**の３つがあります（図２）。

● 健康保険

　日本では、すべての国民が加入することになっており、一般的に３割の自己負担で病院で診察や治療を受けられます。基本的に会社と本人で毎月、保険料を半分ずつ負担します。40歳以上になると加入が必要になる介護保険料が含まれています。

● 厚生年金

　老後の年金受給のために働いている間、積み立てていくものです。基本的に、こちらも会社と本人で、毎月、掛け金を半分ずつ負担します。

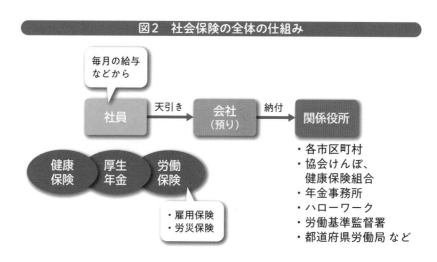

図２　社会保険の全体の仕組み

*　**協会けんぽ**……全国健康保険協会の略称。全国健康保険協会管掌健康保険を運営し、業務外における病気やケガ等に保険金を支給している。

● 労働保険

　雇用保険と労災保険があります。**雇用保険**は、失業した時に、次の就職先が見つかるまで失業保険として支給されるものです。基本的に会社と本人が毎月、保険料を負担し、会社のほうが少し負担率が多く設定されています。**労災保険**は、職場などで就業中に事故などで働けなくなった場合に受給できる保険のことです。全額会社負担となっています。

　この後、それぞれをもう少し詳しく説明します。

2　社会保険の仕組み①　健康保険

✐ワンポイント

● 健康保険は、病院で少ない自己負担で診察や治療を受けられるためのもの

● 健康保険料は、等級（標準月額報酬）で決まる

● 健康保険組合、協会けんぽ、国民健康保険などがある

● 会社員と個人事業主で加入先が変わる

健康保険の仕組み

　前述したように**健康保険**は、病院で3割、もしくは1割〜2割の自己負担で診察や治療を受けられる保険制度です。日本では、すべての国民が加入することになっています。年齢や収入などの条件がありますが、本人以外の扶養家族＊も加入できます。

　会社員と個人事業主では、保険料の流れが少し変わります。

● 会社員の場合

　会社が健康保険料を社員から預り、翌月末までに健康保険料（介護保険料を含む）を協会けんぽ、または健康保険組合に納付します。保険料は、会社と本人とで2分の1ずつ負担します。協会けんぽや健康保険組合は、病院からの請求に基づいて通常、7割部分の保険料を病院などに支払います。実際には、病院は社会保険診療報酬支払基金という病院の共通窓口となる機構から保険料を受け取ります。

● 個人事業主（定年後のサラリーマンを含む）

　毎月本人が、国民健康保険料全額をそれぞれの市区町村の窓口に納付します。つまり、個人事業主の場合は、各市区町村が運営している国民健康保険に加入する仕組みになっています（図1）。

＊**扶養家族**……扶養者の収入によって養ってもらっている家族のこと。健康保険では、扶養者の配偶者、子供、父母など。

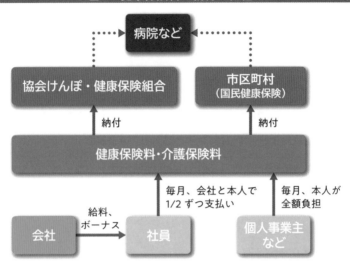

図1　健康保険料の納付の仕組み

病院など

協会けんぽ・健康保険組合

市区町村
（国民健康保険）

納付

納付

健康保険料・介護保険料

給料、
ボーナス

毎月、会社と本人で
1/2 ずつ支払い

毎月、本人が
全額負担

会社

社員

個人事業主
など

算定と月変

　次に、皆さんの毎月の健康保険料は、どのような計算式でいつ決められるか見ていきましょう。まず、保険料を計算する仕組みは、算定と月変と呼ばれる2パターンあります（図2）。

● 算定

　毎年、4月から6月の3ヵ月の平均給与をもとに、等級表から標準報酬月額を求め、9月分の保険料から適用されます。

● 月変

　変動月からの3ヵ月間に支給された給与（残業手当などを含む）の平均月額に該当する標準報酬月額と、これまでの標準報酬月額との間に、2等級以上の差が生じた時、翌月分の保険料から変更されます。

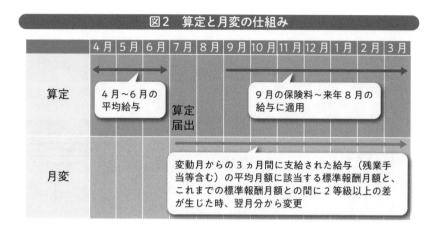

図2　算定と月変の仕組み

等級

　毎月の健康保険料は、算定または月変で決定した**等級**＊に紐づく健康保険料となります（図3）。

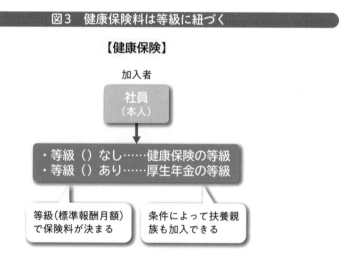

図3　健康保険料は等級に紐づく

　東京都の協会けんぽの例を掲載します（図4）。赤枠で囲んだ部分が該当し、令和6年3月分からの例になります。等級列の1〜50の数字とカッコ付き

＊ **等級**……標準報酬月額ごとに定められたもの。これによって健康保険料が決まる。

の数字がありますが、カッコなしが健康保険の等級で、カッコ付きが厚生年金の等級です。厚生年金は32が現在のところMAXとなっています。また、賞与の場合は、千円未満を切り捨てた賞与の金額に保険料率をかけて保険料を求めます。

図4　等級と健康保険料の例

標準報酬 等級	標準報酬 月額	報酬月額 円以上	報酬月額 円未満	全国健康保険協会管掌健康保険料 介護保険第2号被保険者に該当しない場合 9.98% 全額	折半額	介護保険第2号被保険者に該当する場合 11.58% 全額	折半額	厚生年金保険料(厚生年金基金加入員を除く) 一般、坑内員・船員 18.300%※ 全額	折半額
1	58,000	~	63,000	5,788.4	2,894.2	6,716.4	3,358.2		
2	68,000	63,000 ~	73,000	6,786.4	3,393.2	7,874.4	3,937.2		
3	78,000	73,000 ~	83,000	7,784.4	3,892.2	9,032.4	4,516.2		
4(1)	88,000	83,000 ~	93,000	8,782.4	4,391.2	10,190.4	5,095.2	16,104.00	8,052.00
5(2)	98,000	93,000 ~	101,000	9,780.4	4,890.2	11,348.4	5,674.2	17,934.00	8,967.00
6(3)	104,000	101,000 ~	107,000	10,379.2	5,189.6	12,043.2	6,021.6	19,032.00	9,516.00
7(4)	110,000	107,000 ~	114,000	10,978.0	5,489.0	12,738.0	6,369.0	20,130.00	10,065.00
8(5)	118,000	114,000 ~	122,000	11,776.4	5,888.2	13,664.4	6,832.2	21,594.00	10,797.00
9(6)	126,000	122,000 ~	130,000	12,574.8	6,287.4	14,590.8	7,295.4	23,058.00	11,529.00
10(7)	134,000	130,000 ~	138,000	13,373.2	6,686.6	15,517.2	7,758.6	24,522.00	12,261.00
11(8)	142,000	138,000 ~	146,000	14,171.6	7,085.8	16,443.6	8,221.8	25,986.00	12,993.00
12(9)	150,000	146,000 ~	155,000	14,970.0	7,485.0	17,370.0	8,685.0	27,450.00	13,725.00
13(10)	160,000	155,000 ~	165,000	15,968.0	7,984.0	18,528.0	9,264.0	29,280.00	14,640.00
14(11)	170,000	165,000 ~	175,000	16,966.0	8,483.0	19,686.0	9,843.0	31,110.00	15,555.00
15(12)	180,000	175,000 ~	185,000	17,964.0	8,982.0	20,844.0	10,422.0	32,940.00	16,470.00
16(13)	190,000	185,000 ~	195,000	18,962.0	9,481.0	22,002.0	11,001.0	34,770.00	17,385.00
17(14)	200,000	195,000 ~	210,000	19,960.0	9,980.0	23,160.0	11,580.0	36,600.00	18,300.00
18(15)	220,000	210,000 ~	230,000	21,956.0	10,978.0	25,476.0	12,738.0	40,260.00	20,130.00
19(16)	240,000	230,000 ~	250,000	23,952.0	11,976.0	27,792.0	13,896.0	43,920.00	21,960.00
20(17)	260,000	250,000 ~	270,000	25,948.0	12,974.0	30,108.0	15,054.0	47,580.00	23,790.00
21(18)	280,000	270,000 ~	290,000	27,944.0	13,972.0	32,424.0	16,212.0	51,240.00	25,620.00
22(19)	300,000	290,000 ~	310,000	29,940.0	14,970.0	34,740.0	17,370.0	54,900.00	27,450.00
23(20)	320,000	310,000 ~	330,000	31,936.0	15,968.0	37,056.0	18,528.0	58,560.00	29,280.00
24(21)	340,000	330,000 ~	350,000	33,932.0	16,966.0	39,372.0	19,686.0	62,220.00	31,110.00
25(22)	360,000	350,000 ~	370,000	35,928.0	17,964.0	41,688.0	20,844.0	65,880.00	32,940.00
26(23)	380,000	370,000 ~	395,000	37,924.0	18,962.0	44,004.0	22,002.0	69,540.00	34,770.00
27(24)	410,000	395,000 ~	425,000	40,918.0	20,459.0	47,478.0	23,739.0	75,030.00	37,515.00
28(25)	440,000	425,000 ~	455,000	43,912.0	21,956.0	50,952.0	25,476.0	80,520.00	40,260.00
29(26)	470,000	455,000 ~	485,000	46,906.0	23,453.0	54,426.0	27,213.0	86,010.00	43,005.00
30(27)	500,000	485,000 ~	515,000	49,900.0	24,950.0	57,900.0	28,950.0	91,500.00	45,750.00
31(28)	530,000	515,000 ~	545,000	52,894.0	26,447.0	61,374.0	30,687.0	96,990.00	48,495.00
32(29)	560,000	545,000 ~	575,000	55,888.0	27,944.0	64,848.0	32,424.0	102,480.00	51,240.00
33(30)	590,000	575,000 ~	605,000	58,882.0	29,441.0	68,322.0	34,161.0	107,970.00	53,985.00
34(31)	620,000	605,000 ~	635,000	61,876.0	30,938.0	71,796.0	35,898.0	113,460.00	56,730.00
35(32)	650,000	635,000 ~	665,000	64,870.0	32,435.0	75,270.0	37,635.0	118,950.00	59,475.00
36	680,000	665,000 ~	695,000	67,864.0	33,932.0	78,744.0	39,372.0		
37	710,000	695,000 ~	730,000	70,858.0	35,429.0	82,218.0	41,109.0		
38	750,000	730,000 ~	770,000	74,850.0	37,425.0	86,850.0	43,425.0		
39	790,000	770,000 ~	810,000	78,842.0	39,421.0	91,482.0	45,741.0		
40	830,000	810,000 ~	855,000	82,834.0	41,417.0	96,114.0	48,057.0		
41	880,000	855,000 ~	905,000	87,824.0	43,912.0	101,904.0	50,952.0		
42	930,000	905,000 ~	955,000	92,814.0	46,407.0	107,694.0	53,847.0		
43	980,000	955,000 ~	1,005,000	97,804.0	48,902.0	113,484.0	56,742.0		
44	1,030,000	1,005,000 ~	1,055,000	102,794.0	51,397.0	119,274.0	59,637.0		
45	1,090,000	1,055,000 ~	1,115,000	108,782.0	54,391.0	126,222.0	63,111.0		
46	1,150,000	1,115,000 ~	1,175,000	114,770.0	57,385.0	133,170.0	66,585.0		
47	1,210,000	1,175,000 ~	1,235,000	120,758.0	60,379.0	140,118.0	70,059.0		
48	1,270,000	1,235,000 ~	1,295,000	126,746.0	63,373.0	147,066.0	73,533.0		
49	1,330,000	1,295,000 ~	1,355,000	132,734.0	66,367.0	154,014.0	77,007.0		
50	1,390,000	1,355,000 ~		138,722.0	69,361.0	160,962.0	80,481.0		

※厚生年金基金に加入している方の厚生年金保険料率は、基金ごとに定められている免除保険料率(2.4%~5.0%)を控除した率となります。

加入する基金ごとに異なりますので、免除保険料率および厚生年金基金の掛金については、加入する厚生年金基金にお問い合わせください。

会計仕訳のイメージ

　会計伝票は、給与の**計上仕訳**と関係してきます。方法としては、支給日に保険料を差し引いて社員に支払いします。

　例えば、給与の計算対象期間が月初～月末、翌月25日に給与を支給する会社では、月末に未払計上を行い、翌月の25日に給与支払いの仕訳を行います。この時、いったん健康保険料を預り、翌月の末までに健康保険組合や協会けんぽなどに会社負担分を含めて納付します。

　例えば、社員全員に支払う9月の給与総額が100万円、健康保険料は社員負担分が5万円、会社負担分が5万円とした場合の仕訳のイメージは、表1のようになります。

表1 健康保険料の会計仕訳の例（単位：円）

日付	借方	金額	貸方	金額	摘要
9/30	給料	1,000,000	未払金	1,000,000	給与9月分未払計上
10/25	未払金	1,000,000	預金	950,000	9月分給与支払い
			預り金	50,000	健康保険料社員預り分
11/30	預り金	50,000	預金	100,000	健康保険料納付
	法定福利費	50,000			健康保険料会社負担分

コラム 給与の計算対象期間

　毎月の給与の支給日は、20日や25日、月末日など会社によって異なります。会計処理上問題になるのは、給与の計算対象期間が何日～何日までかということです。1日～月末日までを給与の計算対象期間としている会社では問題になりませんが、例えば21日～翌月20日といった、月またぎで給与の計算対象期間としている場合は、期末日において、21日から月末までの給与を計算して未払計上する必要が出てきます。また、月次決算を行っている会社では、この作業を毎月行うことになります。

3 社会保険の仕組み②　厚生年金

ワンポイント

● 厚生年金は、定年後に受け取ることができる年金のこと

● 厚生年金のほかに、国民年金、企業年金などがある

● 厚生年金の保険料は、等級（標準月額報酬）で決まる

7

社会保険

年金とは

　年金は、会社の定年後などに受け取ることができるお金のことです。サラリーマンと個人事業主などでは、加入する年金が異なります。サラリーマンが加入する年金には、**厚生年金**、**企業年金**などがあります。関係する役所は、年金事務所や企業年金連合会などになります。個人事業主などは、**国民年金**に加入します。関係する役所は市区町村になります。（図1）。

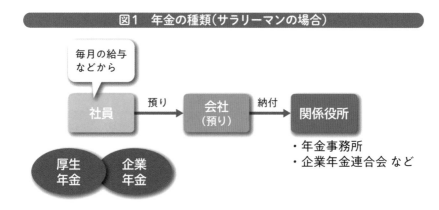

図1　年金の種類（サラリーマンの場合）

厚生年金

　厚生年金は、給与計算時に定められた**等級**および**標準報酬月額**に対応する保険料を、いったん会社が社員から預かって年金事務所に翌月末までに納付します。会社に勤めている間、70歳まで支払い、健康保険料と同じように、社員と会社が折半して負担する形になっています。加えて、子ども・子育て拠出金の分は、会社で負担しています。また、賞与の場合は、千円未満を切り捨てた賞与の金額に保険料率をかけて保険料を求めます。等級および標準報酬月額の変更は、健康保険の算定、月変時に、一緒に行われます。

　なお、専業主婦などの配偶者は、「第3号被保険者」と言って、国民年金を支払ったことになるお得な制度になっています(図2)。

図2　厚生年金保険料は等級に紐づく

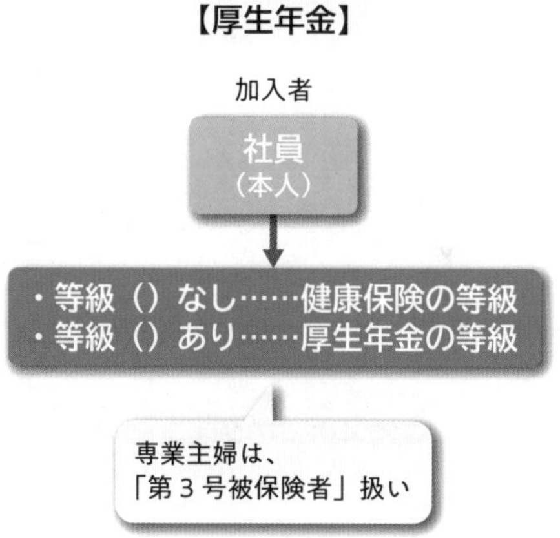

【厚生年金】

加入者

社員
(本人)

・等級（）なし……健康保険の等級
・等級（）あり……厚生年金の等級

専業主婦は、
「第3号被保険者」扱い

東京都の厚生年金保険料の例を掲載します（図3）。赤枠で囲んだ部分が該当し、令和6年3月分からの例になります。

図3　等級（標準月額報酬）と厚生年金保険料

標準報酬		報酬月額		全国健康保険協会管掌健康保険料				厚生年金保険料（厚生年金基金加入員を除く）	
				介護保険第2号被保険者に該当しない場合		介護保険第2号被保険者に該当する場合		一般、坑内員・船員	
				9.98%		11.58%		18.300%※	
等級	月額	円以上	円未満	全額	折半額	全額	折半額	全額	折半額
1	58,000	～	63,000	5,788.4	2,894.2	6,716.4	3,358.2		
2	68,000	63,000 ～	73,000	6,786.4	3,393.2	7,874.4	3,937.2		
3	78,000	73,000 ～	83,000	7,784.4	3,892.2	9,032.4	4,516.2		
4(1)	88,000	83,000 ～	93,000	8,782.4	4,391.2	10,190.4	5,095.2	16,104.00	8,052.00
5(2)	98,000	93,000 ～	101,000	9,780.4	4,890.2	11,348.4	5,674.2	17,934.00	8,967.00
6(3)	104,000	101,000 ～	107,000	10,379.2	5,189.6	12,043.2	6,021.6	19,032.00	9,516.00
7(4)	110,000	107,000 ～	114,000	10,978.0	5,489.0	12,738.0	6,369.0	20,130.00	10,065.00
8(5)	118,000	114,000 ～	122,000	11,776.4	5,888.2	13,664.4	6,832.2	21,594.00	10,797.00
9(6)	126,000	122,000 ～	130,000	12,574.8	6,287.4	14,590.8	7,295.4	23,058.00	11,529.00
10(7)	134,000	130,000 ～	138,000	13,373.2	6,686.6	15,517.2	7,758.6	24,522.00	12,261.00
11(8)	142,000	138,000 ～	146,000	14,171.6	7,085.8	16,443.6	8,221.8	25,986.00	12,993.00
12(9)	150,000	146,000 ～	155,000	14,970.0	7,485.0	17,370.0	8,685.0	27,450.00	13,725.00
13(10)	160,000	155,000 ～	165,000	15,968.0	7,984.0	18,528.0	9,264.0	29,280.00	14,640.00
14(11)	170,000	165,000 ～	175,000	16,966.0	8,483.0	19,686.0	9,843.0	31,110.00	15,555.00
15(12)	180,000	175,000 ～	185,000	17,964.0	8,982.0	20,844.0	10,422.0	32,940.00	16,470.00
16(13)	190,000	185,000 ～	195,000	18,962.0	9,481.0	22,002.0	11,001.0	34,770.00	17,385.00
17(14)	200,000	195,000 ～	210,000	19,960.0	9,980.0	23,160.0	11,580.0	36,600.00	18,300.00
18(15)	220,000	210,000 ～	230,000	21,956.0	10,978.0	25,476.0	12,738.0	40,260.00	20,130.00
19(16)	240,000	230,000 ～	250,000	23,952.0	11,976.0	27,792.0	13,896.0	43,920.00	21,960.00
20(17)	260,000	250,000 ～	270,000	25,948.0	12,974.0	30,108.0	15,054.0	47,580.00	23,790.00
21(18)	280,000	270,000 ～	290,000	27,944.0	13,972.0	32,424.0	16,212.0	51,240.00	25,620.00
22(19)	300,000	290,000 ～	310,000	29,940.0	14,970.0	34,740.0	17,370.0	54,900.00	27,450.00
23(20)	320,000	310,000 ～	330,000	31,936.0	15,968.0	37,056.0	18,528.0	58,560.00	29,280.00
24(21)	340,000	330,000 ～	350,000	33,932.0	16,966.0	39,372.0	19,686.0	62,220.00	31,110.00
25(22)	360,000	350,000 ～	370,000	35,928.0	17,964.0	41,688.0	20,844.0	65,880.00	32,940.00
26(23)	380,000	370,000 ～	395,000	37,924.0	18,962.0	44,004.0	22,002.0	69,540.00	34,770.00
27(24)	410,000	395,000 ～	425,000	40,918.0	20,459.0	47,478.0	23,739.0	75,030.00	37,515.00
28(25)	440,000	425,000 ～	455,000	43,912.0	21,956.0	50,952.0	25,476.0	80,520.00	40,260.00
29(26)	470,000	455,000 ～	485,000	46,906.0	23,453.0	54,426.0	27,213.0	86,010.00	43,005.00
30(27)	500,000	485,000 ～	515,000	49,900.0	24,950.0	57,900.0	28,950.0	91,500.00	45,750.00
31(28)	530,000	515,000 ～	545,000	52,894.0	26,447.0	61,374.0	30,687.0	96,990.00	48,495.00
32(29)	560,000	545,000 ～	575,000	55,888.0	27,944.0	64,848.0	32,424.0	102,480.00	51,240.00
33(30)	590,000	575,000 ～	605,000	58,882.0	29,441.0	68,322.0	34,161.0	107,970.00	53,985.00
34(31)	620,000	605,000 ～	635,000	61,876.0	30,938.0	71,796.0	35,898.0	113,460.00	56,730.00
35(32)	650,000	635,000 ～	665,000	64,870.0	32,435.0	75,270.0	37,635.0	118,950.00	59,475.00
36	680,000	665,000 ～	695,000	67,864.0	33,932.0	78,744.0	39,372.0		
37	710,000	695,000 ～	730,000	70,858.0	35,429.0	82,218.0	41,109.0		
38	750,000	730,000 ～	770,000	74,850.0	37,425.0	86,850.0	43,425.0		
39	790,000	770,000 ～	810,000	78,842.0	39,421.0	91,482.0	45,741.0		
40	830,000	810,000 ～	855,000	82,834.0	41,417.0	96,114.0	48,057.0		
41	880,000	855,000 ～	905,000	87,824.0	43,912.0	101,904.0	50,952.0		
42	930,000	905,000 ～	955,000	92,814.0	46,407.0	107,694.0	53,847.0		
43	980,000	955,000 ～	1,005,000	97,804.0	48,902.0	113,484.0	56,742.0		
44	1,030,000	1,005,000 ～	1,055,000	102,794.0	51,397.0	119,274.0	59,637.0		
45	1,090,000	1,055,000 ～	1,115,000	108,782.0	54,391.0	126,222.0	63,111.0		
46	1,150,000	1,115,000 ～	1,175,000	114,770.0	57,385.0	133,170.0	66,585.0		
47	1,210,000	1,175,000 ～	1,235,000	120,758.0	60,379.0	140,118.0	70,059.0		
48	1,270,000	1,235,000 ～	1,295,000	126,746.0	63,373.0	147,066.0	73,533.0		
49	1,330,000	1,295,000 ～	1,355,000	132,734.0	66,367.0	154,014.0	77,007.0		
50	1,390,000	1,355,000 ～		138,722.0	69,361.0	160,962.0	80,481.0		

※厚生年金基金に加入している方の厚生年金保険料率は、基金ごとに定められている免除保険料率（2.4%～5.0%）を控除した率となります。

加入する基金ごとに異なりますので、免除保険料率および厚生年金基金の掛金については、加入する厚生年金基金にお問い合わせください。

会計仕訳のイメージ

会計伝票は、給与の計上仕訳と関係してきます。支給日に保険料を差し引いて社員に支払います。例えば、給与の計算対象期間が月初～月末、翌月25日に給与を支給する会社では、月末に未払計上を行い、翌月の25日に給与支払いの仕訳を行います。この時、いったん厚生年金保険料を預り、翌月末までに年金事務所に会社負担分を含めて納付します。

7

社会保険

社員全員に支払う9月の給与総額が100万円、厚生年金保険料は社員負担分が7万円、会社負担分が8万円とした場合の仕訳のイメージは、表1のようになります。

実際には、健康保険、厚生年金、そして、次に説明する雇用保険の預り仕訳は、一緒の仕訳で同時に行います。

表1 厚生年金保険料の会計仕訳の例（単位：円）

日付	借方	金額	貸方	金額	摘要
9/30	給料	1,000,000	未払金	1,000,000	給与9月分未払計上
10/25	未払金	1,000,000	預金	930,000	9月分給与支払い
			預り金	70,000	厚生年金保険料社員預り分
11/30	預り金	70,000	預金	150,000	厚生年金保険料納付
	法定福利費	80,000			厚生年金保険料会社負担分

年金の仕組みのまとめ

もう一度、厚生年金と国民年金の仕組みを整理しておきましょう。会社員と個人事業主で少し、流れが変わります（図3）。

● 会社員

会社が厚生年金保険料を社員から預り、翌月末までに厚生年金保険料を年金事務所に納付します。

厚生年金保険料は会社と本人が2分の1ずつ負担します。会社で扱うのは、厚生年金保険料になります。年金事務所から日本年金機構に保険料が集められ、日本年金機構から年金受給者に支給されます。現在、60歳から65歳あたりで、年金を受給できます。

● 個人事業主

毎月、本人が国民年金保険料全額を各市区町村の窓口に納付します。

図3　厚生年金および国民年金の納付の仕組み

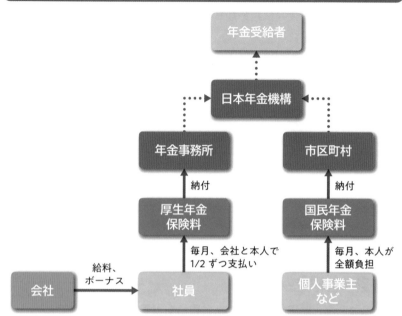

社会保険の仕組み③ 労働保険

労働保険とは

労働保険には、**雇用保険**と**労災保険**があります。

● 雇用保険

失業した時に失業給付金がもらえる保険のことです。関係する機関は、ハローワークや労働基準監督署、都道府県労働局です。会社員の場合は、基本的に雇用保険に加入します。社員の毎月の給与に率をかけて計算します。

雇用保険料は、社員と会社で折半して支払いますが、会社のほうが少し負担割合が多く設定されています。

● 労災保険

毎年4月から翌年3月までを保険年度として扱います。これは、勤務中などで事故にあった場合、その治療費などを国が負担するもので、全額会社負担となっています。保険年度の年間の全社員の給与総額に率をかけて計算します。

計算結果の労働保険料は、所管する労働局に納付します(図1)。

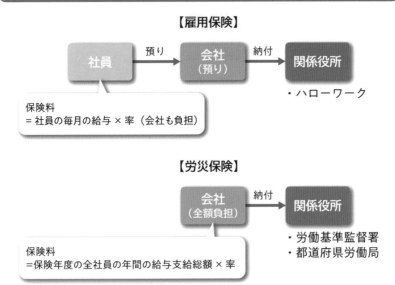

図1 労働保険の預り・納付の仕組み

【雇用保険】

社員 →（預り）→ 会社（預り）→（納付）→ 関係役所
・ハローワーク

保険料
= 社員の毎月の給与 × 率（会社も負担）

【労災保険】

会社（全額負担）→（納付）→ 関係役所
・労働基準監督署
・都道府県労働局

保険料
=保険年度の全社員の年間の給与支給総額 × 率

雇用保険と労災保険の会計仕訳

　社員から預かった雇用保険料1年分と、会社負担分の雇用保険料を労働局に納付します。労災保険料は全額会社負担で、雇用保険料と一緒に労働局に納付します。

　例えば、社員から預かった1年間の雇用保険料が50万円、会社負担分が85万円、社員全員の給与の総額が1億円、労災保険料率が1000分の3の場合は、表1のような**会計伝票**を起票します（日付が6月30日の例）。実際には労働保険料は、翌期の予定納付分も含めて納付します。

表1 労働保険料の会計仕訳の例（単位：円）

日付	借方	金額	貸方	金額	摘要
6/30	預り金	500,000	預金	1,650,000	雇用保険料社員預り分
	法定福利費	850,000			雇用保険料会社負担分
	法定福利費	300,000			労災保険料（会社負担）

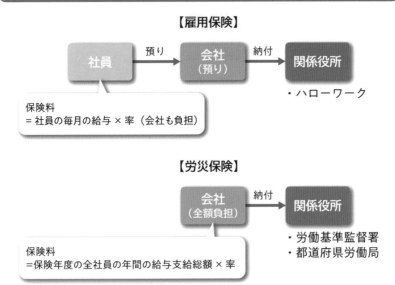

7
社会保険

第 **8** 章

会計についてのQ&A

第8章では、よく受ける質問や最近のトピックについて学びます。具体的には、財務会計と管理会計の違い、売上原価と製造原価の違い、税込み、税抜きの会計伝票の入力方法、外貨取引の入力方法、為替評価方法、会計期間のオープン、クローズ方法、インボイス制度対応、電子帳簿保存法対応について説明します。

1 財務会計と管理会計の違い

🖉ワンポイント

● 財務会計は外部報告目的の会計

● 管理会計は経営者のための会計

財務会計は外部報告目的の会計

財務会計は、外部への公表が目的の会計で、会社法や上場している証券取引所などのルールに基づいて計算し、公表する必要があります。

SAPでは、財務会計用にFIモジュールがあり、会計伝票の入力、総勘定元帳の作成、財務諸表の作成、資金・債権・債務管理、固定資産管理などの機能が用意されています（図1）。

図1　財務会計と管理会計の違い

【財務会計】

外部公表目的

・会社法
・金融商品取引法

【管理会計】

経営管理目的

・経営者のため
・経営指標

実績データ

総勘定元帳

会計伝票

補助元帳

財務諸表
など

P/L予算
登録など

管理資料作成

管理資料

・経営指標
・予算実績対比
・セグメント、
　部門別 P/L など

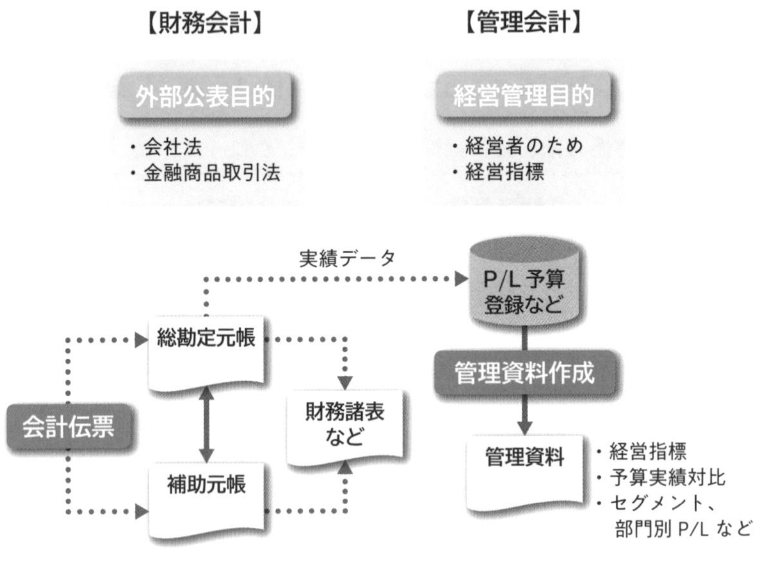

管理会計は経営者のための会計

　管理会計は、そもそもルールがありません。経営者が管理したいルールに基づいて、経営者が大切にする経営指標などをアウトプットする会計のことです。SAPでは、管理会計用にCOモジュールがあり、予算管理、原価管理、利益管理などの機能が用意されています。

コラム 年度について

　いつからいつまでの会計期間のことを意味する言葉として会計年度があります。12月決算の会社であれば、カレンダー上の年と会計年度が同じなので、分かりやすいです。9月決算の会社の場合、例えば、2024年10月〜2025年9月までの1年間が会計期間となります。この場合、2024年度と2025年度のどちらで呼ぶべきでしょうか。つまり、期首の月が属する西暦の年を会計年度とするか、期末の月が属する西暦の年を会計年度とするかによって違ってきます。わかりやすい表現として、「何年何月期決算」という言い方があります。このケースでは、2025年9月期決算と言うことで、いつからいつまでの会計期間かが分かります。

2 売上原価と製造原価の違い

● 売上原価は、売上に連動してかかった費用のこと

● 製造原価は、モノを製造する過程で発生した総費用のこと

売上原価とは

　売上原価は、売上に連動して発生する費用のことです。販管費は含まれません。得意先に商品や製品を販売して納品した場合や、得意先から検収を受けた場合に、その商品や製品の売上に紐づいて計上する原価のことです。商品や製品であれば、在庫上の1個の「原価単価 × 販売数量」で計算できます。

　例えば、1個の原価が700円のものを1,000円で100個販売したとすると、売上が10万円、売上原価が7万円となります。この場合の粗利が3万円と計算できます（図1）。

図1　売上原価は売上と連動している（単位：円）

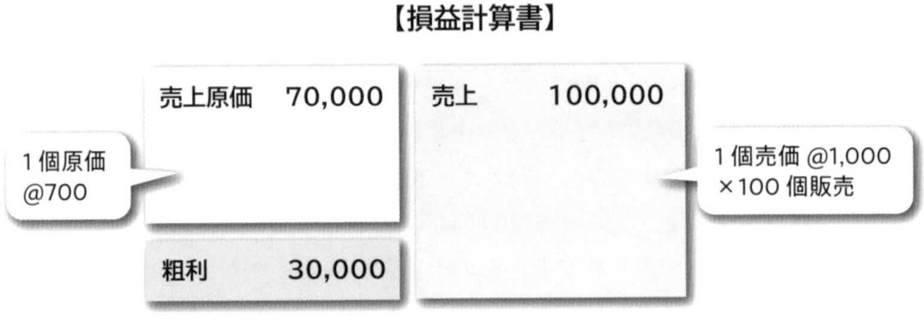

【損益計算書】

売上原価　70,000	売上　　　100,000

1個原価
@700

1個売価 @1,000
×100個販売

| 粗利　　30,000 | |

製造原価とは

　製造原価は、一般的に工場などで発生する費用のことです。大きくは、製造現場で直接使用する**製造直接費**と、工場の間接部門などの**製造間接費**に分けられます。

● 製造直接費

　製造に使用した原材料などの直接材料費、製造に携わった人の給与などの直接労務費、電力・ガス・水道などの工場で使用する直接経費などに分けられます。

● 製造間接費

　工場の経理部門、総務部門などで発生する人件費などです。また、実務では、直接材料費以外の製造費用を加工費として扱っている会社もあります。

　この製造費用は、毎月、原価計算などにより、完成した製品分と完成していない仕掛品に分けて、貸借対照表上の製品勘定、仕掛品勘定に振り替えますので、残高は0になります（図2）。

図2　製造原価の費目と製品・仕掛品勘定の関係

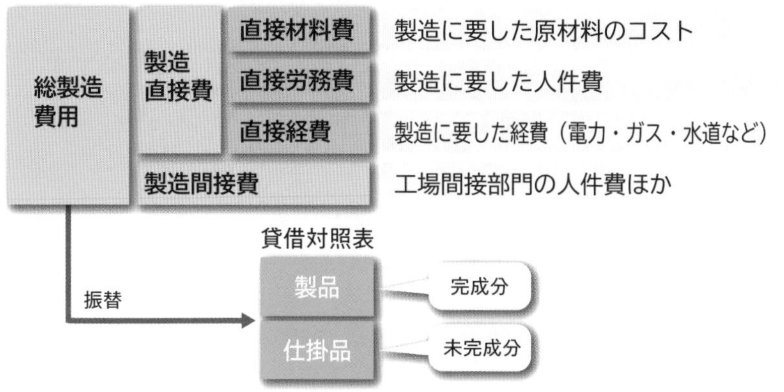

総製造費用	製造直接費	直接材料費	製造に要した原材料のコスト
		直接労務費	製造に要した人件費
		直接経費	製造に要した経費（電力・ガス・水道など）
	製造間接費		工場間接部門の人件費ほか

貸借対照表

振替 →

製品 → 完成分

仕掛品 → 未完成分

また工事や建設などの場合は、そのプロジェクトにかかった総費用が製造原価となります。そして、得意先から検収を受けて、売上を計上したら、そのプロジェクトにかかった製造原価が売上原価になります（図3）。

図3　製造原価と売上原価の関係

【検収ベースで請求する場合】

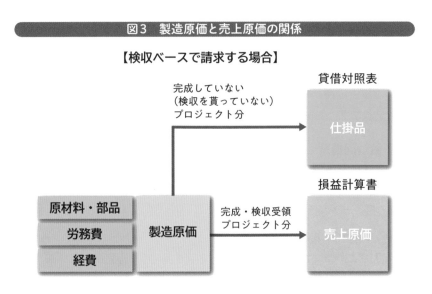

(3 会計伝票入力時の税込み、税抜き金額の入力方法)

ワンポイント

● SAP GUIで『FB50』を使用して入力する

● LaunchpadでFiori『F0718』を使用して入力する

SAP GUIで『FB50』を使用する場合

SAP GUIで『FB50』*を使用する場合の税込み金額、税抜き金額入力の選択方法ですが、編集オプションの中の「正味金額での税を計算」のフラグをチェックするかしないかで変わってきます（図1）。

図1 SAP GUIで『FB50』を使用する場合①

＊『FB50』……会計伝票入力のトランザクションコード。

「正味金額での税を計算」のフラグをチェックした場合は、税抜き金額で入力します。これをチェックしないでブランクのままの状態だと、税込み金額で入力します。

フラグを変更した場合は、右下の[ユーザーマスタ変更]ボタンをクリックします（図2）。

図2　SAP GUIで『FB50』を使用する場合②

LaunchpadでFiori『F0718』を使用する場合

Fiori『F0718』*を使用する場合の税抜き金額の入力方法は、消費税の計算が必要な側の金額を税抜きで入力します。勘定科目の内訳で税コード*を入力し、税額計算フラグ*と正味入力フラグ*をチェックします。消費税の計算が関係しない側の金額は、税込みで入力します（図3）。

---

* **Fiori『F0718』**……Fioriの会計伝票入力のアプリID（トランザクションコードのようなもの）。
* **税コード**……仮受消費税、仮払消費税の種類や税率などを定義するコードのこと。
* **税額計算フラグ**……仮受消費税、仮払消費税を計算するかしないかを指示するフラグ。チェックした場合は計算する、ブランクの場合は計算しない。
* **正味入力フラグ**……消費税が関係する借方または貸方の金額が税込みか、税抜きかを表すフラグ。チェックした場合は、税抜き金額、ブランクの場合は、税込金額。

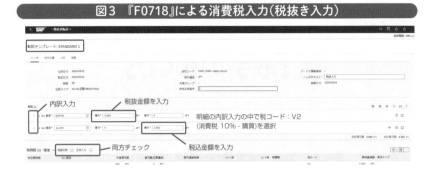

図3 『F0718』による消費税入力（税抜き入力）

Fiori『F0718』を使用する場合の税込み金額の入力方法ですが、借方、貸方の金額は、ともに税込み金額を入力します。消費税が関係する勘定科目の内訳で税コードを入力して、税額計算フラグをチェックします。正味入力フラグは、ブランクのままとします（図4）。

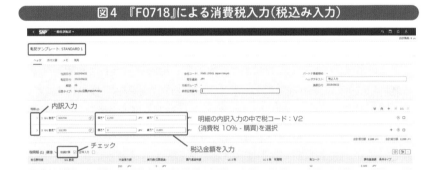

図4 『F0718』による消費税入力（税込み入力）

4 円以外の通貨での 会計取引の扱い方

✏ ワンポイント

● 為替レートマスタを使って円貨に換算する

● 会計伝票上の円貨の貸借金額は一致させる

● 受注伝票や発注伝票に予約レートを入力できる

円貨にどのようにして換算するのか

ERPパッケージは、標準で**為替レートマスタ**を持っており、レートタイプ*別に発生通貨→円貨*の組み合わせで為替レートを登録しておきます。この為替レートをいつから適用するかという日付も入力します。

例えば、会計伝票を『FB50』を使って入力する場合に、会計伝票のヘッダ*で通貨コード*を入力すると、入力された通貨コードと転記日をもとに、転記日に近いレートを為替レートマスタから求めて円貨に換算してくれます。

図1の外貨金額100ドルの例では、USD*→JPY*の会計伝票の転記日付が2023年11月1日ですので、為替レートは「@146.00*」が適用されています。通常、月初に当月使用する社内レートを通貨別に『OB08』*を使って登録して運用します。これと異なる為替レートを使いたい場合は、為替レートを上書きして変更できます。

---

* **レートタイプ**……TTB（銀行が外貨を買う時のレート）とか、TTS（銀行が外貨を売る時のレート）とか、TTM（仲値）といったレートの種類のこと。
* **円貨**…… 円単位で表される日本の貨幣。
* **ヘッダ**……会計伝票上の基本データ部分。
* **通貨コード**……会計伝票上の取引通貨に付番されたコードのこと。例えば、日本円なら JPY、米国ドルなら USD、ユーロなら EUR。
* **USD**……アメリカ合衆国の通貨である米ドルの通貨コード。United States Dollar の略。
* **JPY**……日本の通貨である日本円の通貨コード。JaPanese Yen の略。
* **@146.00**……1 ドル＝ 146.00 円を表す。
* **『OB08』**……為替レートマスタの登録・変更を行うトランザクションコード。

図1 為替レートマスタから換算レートを求めてくれる

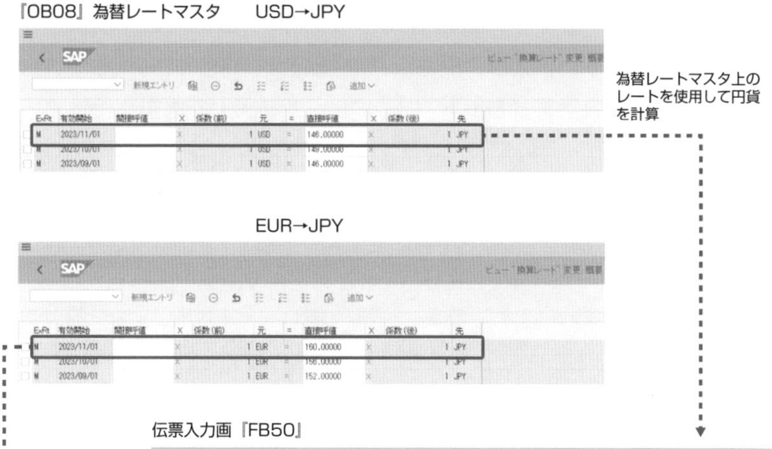

転記日付から判断

転記日付	外貨金額	通貨コード	適用レート	円貨金額
2023/11/1	$100	USD	@146.00	¥14,600
2023/11/10	€ 200	EUR	@ 160.00	¥32,000

また、図1の外貨金額200ユーロの例の場合は、転記日付が2023年11月10日ですので、EUR*→JPYの為替レートは、「@160.00*」が適用されています。

会計伝票上の円貨の貸借金額は一致させる

借方、貸方の外貨金額をそれぞれ円貨に変換した時、借方と貸方の明細の集計単位が異なる場合などに、円貨の借方金額と円貨の貸方金額が一致しないことがあります。

パラメータ設定で差額を処理する差額調整勘定などを登録しておき、円貨の貸借金額を一致させるようにします。

＊ **EUR**……ユーロ圏の通貨であるユーロの通貨コード。EURo の略。
＊ **@160.00**……1 ユーロ＝ 160.00 円を表す。

受注伝票や発注伝票に予約レートを入力する方法

予約レート*を入力する場合は、受注伝票や発注伝票上に固定レートとして入力できます。例えば、受注伝票を登録する場合、『VA01』*は会計管理のタブの中の会計換算レート*に予約レートを入力できます(図2)。

図2 受注伝票の場合

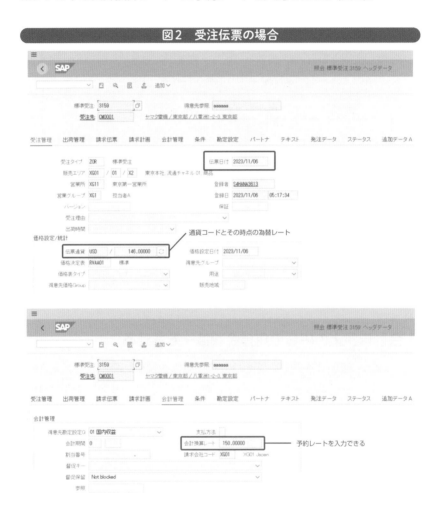

通貨コードとその時点の為替レート

予約レートを入力できる

---

* **予約レート**……為替リスクを回避するために手数料を払って、あらかじめ銀行などと発生時と決済時の為替レートを定めたレートのこと。
* 『**VA01**』……受注伝票登録のトランザクションコード。
* **会計換算レート**……請求書の登録時に適用される為替レート。

8 会計についてのQ&A

　また、発注伝票を登録する場合の『ME21N』*では、納入／請求書タブの中にある固定換算レート*欄にチェックを入れて、換算レート欄に予約レートを入力することで対応できます（図3）。

図3　発注伝票の場合

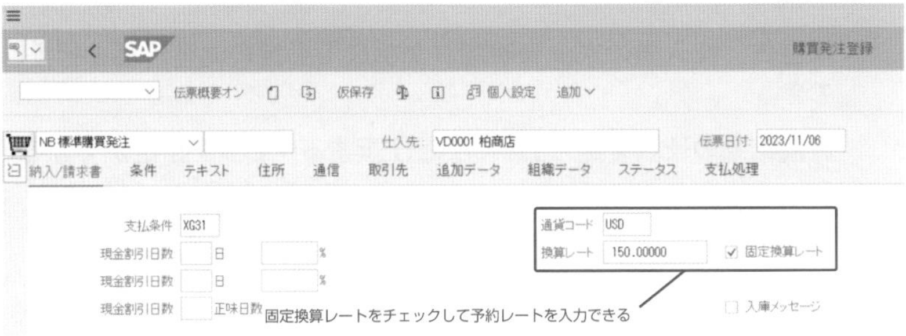

コラム　リアルタイムシステム実現の阻害要因

　リアルタイム経営を目指すために、ERPパッケージを導入する会社が多くなってきました。次のいずれかが当てはまる場合、そのことがリアルタイム経営の実現の阻害要因になる可能性があります。

・取引データをバッチ処理でERPシステムに取り込む。
・ロジスティクスと会計が自動仕訳でつながっていない（またはタイムラグがある）
・毎月の製品原価を月総平均法で計算している
・仕入先から商品を仕入れる際に仕入勘定を使用している

＊『ME21N』……購買発注伝票登録のトランザクションコード。
＊**固定換算レート**……購買発注で計算または登録される為替レートを固定する場合にこのフラグをチェックする。

283

5 為替評価方法

ワンポイント

- 得意先、仕入先の未決済明細およびG/L勘定の為替評価を行うことができる
- 評価結果の仕訳を翌月1日に反対仕訳するかどうか指定ができる
- S/4HAHAでは、トランザクションコードは『FAGL_FCV』を使用

会計についてのQ&A

為替評価の概要

　SAPでは、取引通貨が外貨の得意先と仕入先の未決済明細、および外貨を持つG/L勘定[*]の為替評価[*]を行うことができます。得意先と仕入先の為替評価の例を見ていきましょう。S/4HAHAでは、『FAGL_FCV』[*]を使用します。

　月末為替評価時に出力される為替評価損、為替評価益の仕訳を、得意先と仕入先のケースに分けて例示します（表1）。

表1 月末評価時の仕訳例

ケース	評価損／評価益	借方	貸方
得意先の場合	評価損が出る場合	為替評価損	売掛金調整勘定
	評価益が出る場合	売掛金調整勘定	為替評価益
仕入先の場合	評価損が出る場合	為替評価損	買掛金調整勘定
	評価益が出る場合	買掛金調整勘定	為替評価益

　あらかじめ、為替評価する勘定科目とそれに対応する為替評価益、為替評価損勘定、売掛金調整勘定、買掛金調整勘定などをパラメータとして設定しておきます。

　また、為替評価用のレートタイプを用意して、為替レートを登録できます。

＊ **G/L 勘定**……勘定科目コードのこと。9-7 節「その他の項目説明」を参照。

＊ **為替評価**……外貨取引の発生時の為替レートを月末日（期末日）の為替レートで評価し直すこと。

＊ **『FAGL_FCV』**……外貨評価実行のトランザクションコード。

通常は、翌月1日付で為替評価結果を反対仕訳*します。実際の得意先からの入金時または、仕入先に対する支払い時のレートと発生時のレートの差が為替差損益として自動仕訳されます(表2)。

表2 為替差損益の仕訳例

ケース	実現損/実現益	借方	貸方
得意先からの入金時	実現損が出る場合	預金	売掛金
		為替差損	
	実現益が出る場合	預金	売掛金
			為替差益
仕入先への支払い時	実現損が出る場合	買掛金	預金
		為替差損	
	実現益が出る場合	買掛金	預金
			為替差益

得意先未決済明細の為替評価の例

得意先の未決済明細の為替評価の流れを、例題を使ってみてみましょう。

例題は、販売時の通貨はUSD、売上金額は$100、この時の為替レートは146円です。また、月末の為替評価時のレートは150円、そして入金時の為替レートは140円だったとします(表3)。

1 発生時

為替レートが146円ですので、円貨は「$100 × 146円」で計算した14,600円です。外貨の$100と円貨の14,600円を会計帳簿に転記します。

2 月末の為替評価時

為替レートが150円ですので、「150円 − 発生時の146円」で計算したレート差額に$100をかけて計算すると、円貨は400円です。発生時と比べて4円の円安*になっているので、為替評価益が出ています。

3 翌月1日

月末の為替評価時の為替評価益を翌月1日付で逆仕訳します。

---

* **反対仕訳**……転記済みの会計伝票の勘定科目の貸借を逆にすること。
* **円安**……外貨と日本円の交換比率が円の方が大きくなること。例えば、1USD：150円→ 1USD：155円になること。

4 得意先からの入金時

　為替レートが140円なので、発生時の為替レートの「146円 − 140円」で計算したレート差に$100をかけて計算すると、円貨は600円になります。発生時に比べて、入金時の為替レートが6円の円高*になっているので為替実現損が出ています。

表3 得意先の為替評価の例（単位：円）

No.	処理の流れ	為替レート	仕訳例
1	発生時	USD→JPY：146円	[借方]売掛金 $100 ¥14,600／[貸方]売上 $100 ¥14,600
2	月末為替評価時	USD→JPY：150円 (150-146)×100 = 400	[借方]売掛金調整勘定 $0 ¥400／[貸方]為替評価益 $0 ¥400
3	翌月1日	反対仕訳を起票	[借方]為替評価益 $0 ¥400／[貸方]売掛金調整勘定 $0 ¥400
4	得意先からの入金時	USD→JPY：140円 (146-140)×100 = 600	[借方]預金勘定 $100 ¥14,000、為替差損 $0 ¥600／[貸方]売掛金 $100 ¥14,600

---

* **円高**……外貨と日本円との交換比率が円の方が小さくなること。例えば、1USD：150円→ 1USD：140円になること。

6 会計期間の オープンとクローズ

● 『MMPV』を使用してロジ側の会計期間をオープンにする

● 『OB52』を使用して会計側の会計期間をクローズ・オープンする

『MMPV』の使い方

日々の業務運用の中で、会計期間をオープン*にする処理と、クローズ*にする処理が必要になります。

ロジ側では、月が替わると、新たな月の在庫の入出庫などを可能にするために、会計期間をオープンにします。その際、『MMPV』*を使用します。

例えば、2023年11月の在庫の入出庫を可能にするために、会計期間に「08*」、会計年度に「2023」と入力して実行します(図1)。

図1 品目締め処理方法『MMPV』①

---

* **オープン**……この会計期間に該当する会計伝票が入力できる状態のこと。

* **クローズ**……この会計期間に該当する会計伝票が入力できない状態のこと。

* 『**MMPV**』……在庫などが関係する取引の受付できる日付けをコントロール(在庫関連の会計期間締め)するトランザクションコード。

または、日付欄に「2023/11/01」と入力して実行してもよいです（図2）。

図2　品目締め処理方法『MMPV』②

更新結果は、『OMSY』*で確認できます。

先ほどの例で会計期間に「08」、会計年度に「2023」、または日付に「2023/11/1」を入力して更新した結果が下の「2023/8会計期間（11月）へ更新後」の状態です。上の「2023/7会計期間（10月）更新前」の状態から1ヵ月アップされています。

年度はどちらも2023ですが、更新前のPe*に7、更新後のPeに8がセットされています。また、更新前のMP*に6、更新後に7がセットされています。この「2023/8会計期間（11月）の更新後」の状態では、2023年11月と2023年10月の在庫の入出庫処理が可能です（図3）。

＊ **08**……この会社は3月決算のため、4月が1会計期間になる。4月から数えると、08会計期間が11月になる。
＊ **『OMSY』**……在庫関連の会計期間締め状況を照会するトランザクションコード。
＊ **Pe**……当月を意味する。
＊ **MP**……前月を意味する。

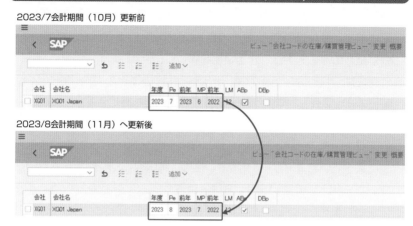

図3 品目締め処理後の確認(OMSY)

2023/7会計期間（10月）更新前

2023/8会計期間（11月）へ更新後

『OB52』の使い方

　会計側では、前月の会計期間のクローズ処理と、新しい月の会計期間を
オープンする処理が必要になります。

　前月の会計期間をクローズしてから前月の財務諸表などを作成しないと、
財務諸表の数字が変わる恐れがあります。理由は前月の財務諸表を出力し
た後に、前月の会計伝票の入力ができるからです。

　そこで、まず『OB52』*を使って前月の会計期間をクローズします。その
後、前月の財務諸表などを出力します(図4)。

図4 会計期間のオープン/クローズ処理①『OB52』

A	開始勘定	終了勘定	開始期間1	年度	終了期間1	年度	AuGr	開始期間2	年度	終了期間2	年度	開始期間3	年度	終了期間3	年度
*			7	2023	8	2023	zacG		7	2023	7	2023	7	2023	7	2023
A		ZZZZZZZZZZ	7	2023	8	2023	zacG		7	2023	7	2023				
D		ZZZZZZZZZZ	7	2023	8	2023	zacG		7	2023	7	2023				
K		ZZZZZZZZZZ	7	2023	8	2023	zacG		7	2023	7	2023				
M		ZZZZZZZZZZ	7	2023	8	2023	zacG		7	2023	7	2023				
S		ZZZZZZZZZZ	7	2023	8	2023	zacG		7	2023	7	2023				

会計期間/バリアント: XG01
会計期間 期間の指定

＊『OB52』……会計期間をオープン/クローズ処理するトランザクションコード。

図4の例では、zacGというグループに入っている人(赤枠の欄)は、2023年度の7会計期間(10月)と8会計期間(11月)の会計伝票の入力ができます。それ以外の人(青枠の欄)は、2023年度の7会計期間(10月)の会計伝票のみの入力ができる状態を表しています。

　例えば、月初の2〜3営業日までに前月*の伝票を入力してもらい、3営業日の夜、7会計期間をクローズして締め処理を行います。

　この『OB52』の主な項目の意味を説明します。開始期間と終了期間がそれぞれ1、2、3とあります。1は、権限を持っている人、つまり権限グループに入っているユーザー*用です。2は、権限グループに含まれない一般のユーザー用として使います。3は、管理会計から財務会計へ連携する場合に使われます。

　一番左側の列の＋〜Sの各行は、対象の会計伝票の日付をコントロールします(表1)。

表1 列の表記と日付をコントロールする会計伝票

列の表記	日付をコントロール会計伝票
＋	必ず入力が必要
A	固定資産が絡む会計伝票
D	得意先が絡む会計伝票
K	仕入先が絡む会計伝票
M	品目が絡む会計伝票
S	総勘定元帳が絡む会計伝票

　図5の例では、すべてのユーザーは、2023年度の8会計期間(11月)の会計伝票のみ入力ができます。2023年度の7会計期間(10月)の会計伝票は入力できません。つまり、2023年度の7会計期間は、クローズされたことを意味しています。

＊**前月**……この例では10月分。
＊**権限〜ユーザー**……例えば、経理の人など。

図5　会計期間のオープン/クローズ処理②『OB52』

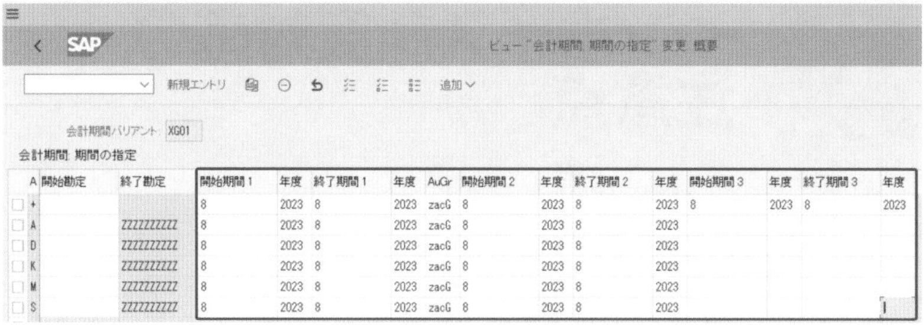

A	開始勘定	終了勘定	開始期間 1	年度	終了期間 1	年度	AuGr	開始期間 2	年度	終了期間 2	年度	開始期間 3	年度	終了期間 3	年度
+			8	2023	8	2023	zacG	8	2023	8	2023	8	2023	8	2023
A		ZZZZZZZZZZ	8	2023	8	2023	zacG	8	2023	8	2023				
D		ZZZZZZZZZZ	8	2023	8	2023	zacG	8	2023	8	2023				
K		ZZZZZZZZZZ	8	2023	8	2023	zacG	8	2023	8	2023				
M		ZZZZZZZZZZ	8	2023	8	2023	zacG	8	2023	8	2023				
S		ZZZZZZZZZZ	8	2023	8	2023	zacG	8	2023	8	2023				

コラム　Fit To Standard

Fit To Standard（フィット・トゥ・スタンダード）とは、例えば、対象システムを実現する際に、会社のやり方を市販のパッケージに合わせて使用するということです。従来は、要件定義フェーズにおいて、ERPパッケージなどを導入する際に発生するギャップをAdd-on（アドオン）プログラムで開発して対応することが多くありました。この弊害がさまざま出てきているため、これを解消するために出てきた考え方です。Fit To Standardでは、標準プログラムを使い倒す、標準機能を使いこなすという考え方で進めていきます。

✎ワンポイント

● インボイス制度について理解しよう

● インボイス制度対応請求書には記載要件がある

● 非適格請求書発行事業者からの請求書の消費税の会計処理には経過
措置がある

インボイス制度とは

　日本では、消費税を正確に納税してもらうために、2023年10月よりインボイス制度が導入され、自社が発行する請求書を変更する必要がありました。特に重要なポイントは、適格請求書発行事業者 *が発行する請求書と非適格請求書発行事業者 *が発行する請求書によって会計処理が変わることです。

　自社が適格請求書発行事業者になるためには、税務署にその届け出が必要です。適格請求書発行事業者になると税務署から適格請求書発行事業者登録番号 *が発行されます。これを請求書に記載することで、適格請求書発行事業者とわかります。

　なお、取引先の適格請求書発行事業者登録番号は、国税庁のホームページ *から照会することがきます。

インボイス制度対応請求書の記載要件など

　インボイス制度対応の請求書の記載要件などを整理しておきましょう。まず図1が自社が発行する請求書の記載要件になります。

＊ **適格請求書発行事業者**……国税庁に適格請求書（インボイス）発行事業者として登録済の会社のこと。

＊ **非適格請求書発行事業者**……国税庁に適格請求書（インボイス）発行事業者として登録していない会社のこと。
免税事業者とも言う。

＊ **適格請求書発行事業者登録番号**……Tで始まる14桁の番号、T＋13桁の法人番号となっている。

＊ **国税庁のホームページ**……https://www.invoice-kohyo.nta.go.jp/ を参照。

● **自社が発行する請求書**

- 適格請求書発行事業者登録番号の表示が必要
- 税率ごとに計算した消費税金額*の表示も必要
- 軽減税率取引対象*の明記などが必要など

図1　自社が発行する適格請求書発行事業者の請求書の例

請求書

① ○○株式会社御中　　　　　② 　　　　　　　XX商事株式会社
　　　　　　　　　　　　　　　　　登録番号 T1234567890123
　　　　　　　　　　　　　　　　　2023年11月30日

③　　④

日付	品名	数量	単価	金額
10/1	飲料*	1	1,000	1,000
10/5	ファイル	2	2,000	4,000
10/20	用紙代	1	3,000	3,000

⑥ *軽減税率対象　⑤

8%対象計	1,000	消費税額	80
10%対象計	7,000	消費税額	700
消費税計	780		
ご請求金額	8,780		

①交付を受ける事業者の氏名または名称
②適格請求書発行事業者の氏名または名称
③取引日付
④取引内容
⑤税率ごとに区分して合計した対価(税抜き、または税込)および適用税率
⑥軽減税率を明記(この請求書の例では、品名の後に*を表示している)

---

* **消費税金額**……明細が品目ごとにあり、消費税を明細ごとに計算している場合は、集計した消費税金額が、税率ごとに計算した消費税金額と一致しないことが考えられる。この場合は、税率ごとに計算した消費税金額を正として、差額を1行目の明細の消費税金額で調整する。
* **軽減税率取引対象**……消費税は、現在、原則10%の税率だが、8%の軽減税率が認められている食料品や新聞代などがある。

● 仕入先からもらう請求書（仕入先が適格請求書発行事業者）

- 請求書上に適格請求書発行事業者登録番号が表示されている
- 消費税率ごとに消費税金額が表示されている
- 軽減税率取引対象が明記されている
- 記載された消費税金額は全額控除できる

● 仕入先からもらう請求書（仕入先が非適格請求書発行事業者）

- 請求書上に適格請求書発行事業者登録番号が表示されていない
- 記載された消費税金額から控除できる金額が段階的に減っていく

　なお、非適格請求書発行事業者に対する経過措置のスケジュールは、図2の通りになっています。

　また、立替経費などの領収書に適格請求書発行事業者番号が記載されていれば問題ありませんが、未記載の領収書の取引先が適格請求書発行事業者かどうかという確認作業が必要になる場合もあります。

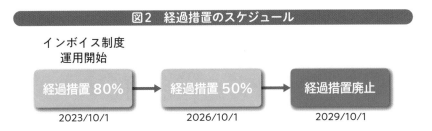

図2　経過措置のスケジュール

インボイス制度
運用開始

経過措置80% → 経過措置50% → 経過措置廃止

2023/10/1　　　　2026/10/1　　　　2029/10/1

8 電子帳簿保存法対応の考慮点

● 2024年1月より本格的に施行の電子帳簿保存法について理解しておこう

● 電子取引分は紙での保管はダメ、電子のまま保管が義務付けられた

電子帳簿保存法とは

　電子帳簿保存法は、紙で管理することが求められていた総勘定元帳など
の会計帳簿類をマイクロフィルムなどの電子で保存することをOKとする法
律で、1998年7月に施行されました。

　その後、時代の流れに応じて2022年に改正され、電子取引における電
子データ保存義務化の猶予期間が終了し、2024年1月1日から本格的に
施行されました。

　2022年1月に改正された主な内容は、下記の点になります。

- 国税に関係する書類の紙出力での保管を廃止、電子データによる保管
  を容認
- 電子帳簿保存法の承認制度が廃止され事前申請が不要
- ペーパーレス化の推進

対象とする書類は、次のものです(表1)。

表1 対象とする帳簿の例

No.	対象とする書類	書類名
①	会計帳簿	補助元帳
		仕訳日記帳
		総勘定元帳
		固定資産台帳等
②	決算書類	貸借対照表
		損益計算書
		株主資本等変動計算書等
③	付随する書類	請求書
		納品書
		領収書など

電子帳簿保存法への対応方法

電子保存法で対応すべきポイントは、下記の通りです。

①真実性の確保

訂正履歴、削除内容を確認できること。

②可視性の確保

速やかに取り出せること。また、日付、取引金額、取引先により検索できること。

対応方法として、会計帳簿類は、会計ソフトなどを使ってデータのまま保存し、電子帳簿保存します。会計伝票などの検索は、会計パッケージの照会機能などを使って取り出します。当社発行の請求書や納品書などは、ERPパッケージや請求書発行のアプリを導入して、そのシステムに保存して管理するのがよいでしょう。

また、取引先から入手した請求書や納品書、領収書などは、スキャナーでスキャンするか、PDFのまま保存します。取引日や取引金額、取引先がわかるように保存しておく必要があります。書類の受領から電子化までの期

限は、おおむね7営業日(最長2ヵ月)となっています。ただし、訂正・削除ができない仕組みになっている場合は、タイムスタンプの付与は不要です。もし紙で入手した場合は、紙を保管することも考えられます。

　ネットショッピングなどの電子取引の請求書や領収書は、紙での保管は不可となっています。請求書や領収書をPDFのまま、置き場所を決めて保管するのがよいでしょう。または、証憑管理アプリを導入する案も考えられます。

　そのほか、社員の立替経費などの領収書は、社員がスマホなどで領収書の写真を撮り、そのデータの置き場所を決めて保管するか、または証憑管理アプリを導入する案も考えられます。また、紙の領収書をそのまま保管する案も考えられます。

　参考までに、電子帳簿保存法に対応した会社の例を掲載しておきましょう(表2)。

表2 電子帳簿保存法に対応した会社の例

No.	対象とする書類	対応方針	対応方法
①	当社の会計帳簿(仕訳帳、総勘定元帳、財務諸表など)	会計ソフト上に保存	会計伝票の検索・照会機能を使って取り出す
②	当社発行の請求書、納品書など	請求書発行ソフト上に保存	請求書などの検索・照会機能を使って取り出す
③	仕入先から受け取ったPDFの請求書、納品書、領収書など	共有サーバ上の置き場に、取引日、取引金額、取引先名をファイル名として保存して置く	ファイル名称をキーに検索し取り出す
④	仕入先から受け取った紙の請求書、納品書、領収書など	紙のまま保存し保管する	今まで通り
⑤	ネットショッピングなどの電子取引(Amazon、楽天など)から受け取ったPDF請求書、納品書、領収書など	共有サーバ上の置き場に、取引日、取引金額、取引先名をファイル名として保存して置く	紙での保存不可(電子を原本とする)。ファイル名称をキーに検索し取り出す
⑥	社員の立替経費などの領収書など	社員からの領収書の写メなどを⑤と同じ方法で共有サーバ上に保存して置く	ファイル名称をキーに検索して取り出す

コラム End to End

　情報は、つながることで価値を生むという考え方のもと、プロセスは End to End、つまり、プロセスのスタートからエンドまでの一連のプロセスをつなげてデザインすることが増えてきました。例えば、現場からの購買要求、仕入先への購買見積もり依頼、仕入先の決定、購買発注、発注品の入庫、仕入先から受け取った請求書との照合、支払予定管理、仕入先へ電子データを使って振込支払をする、といった一連の購買プロセスをデザインし、システム化します。このように、経理や財務で行っている支払処理の前工程として存在するプロセスと支払処理プロセスをつなげることで、今まで各担当者間で行っていたチェックや集計などの二重作業を削減し、転記ミスなどが発生しない仕組みに変え、業務効率を高めていこうとする会社が増えてきました。

第 9 章

SAPの用語を理解しておこう

第9章では、SAPの用語について学びます。「ERPは難しい言葉が多くて、理解しにくい」という声をよくお聞きします。SAPでは、特に独特の言葉や使い方が存在するので、できるだけわかりやすく解説します。

1 トランザクションコードとメニュー例

✏️ ワンポイント

● トランザクションコードとは

● トランザクションコードの例示

トランザクションコードとは

　　トランザクションコードは、プログラムを実行する際に、プログラムを直接呼び出すためのものです。4桁のものが多いですが、帳票系では、かなり長いものもあります。実際のトランザクションコードとして、図1、図2のようなものがあります。

図1　会計系トランザクションコードの例

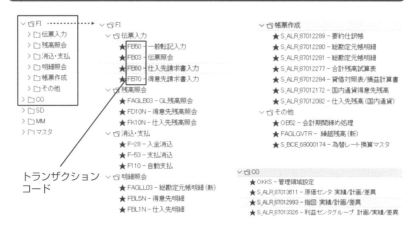

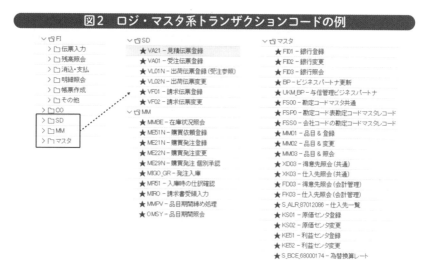

図2　ロジ・マスタ系トランザクションコードの例

SAP GUIからプログラムを実行する場合は、メニュー上の対象のプログラムを選択して実行する方法と、赤枠のコマンド入力フィールドに、トランザクションコードを入力して実行する方法があります。

よく使用するトランザクションコードを覚えておけば、コマンドフィールドにトランザクションコードを入力することで、メニューから探す手間が省けます（図3）。

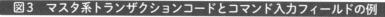

図3　マスタ系トランザクションコードとコマンド入力フィールドの例

例えば、図3のようなマスタ関係のトランザクションコードがあります。得意先マスタのメンテナンスを行いたい時は、このメニューの中の「BP-ビジネスパートナー更新」をクリックして実行することもできますし、赤枠欄に「BP」と打ち込んで実行することもできます。

トランザクションコードは、業務処理だけでなく、開発などの場面でも使われるので、覚えておくと便利です。

もし、図4のように、メニュー上にトランザクションコードが表示されていない場合は、メニューの「追加」→「補足」→「設定」と進み、赤枠のポップアップが表示されたら、その中の「技術名称表示」をチェックしてください。[Enter]キーを押して、メニューに入り直すとトランザクションコードが表示されるようになります（図5、図6）。

図4　トランザクションコードが表示されていない状態

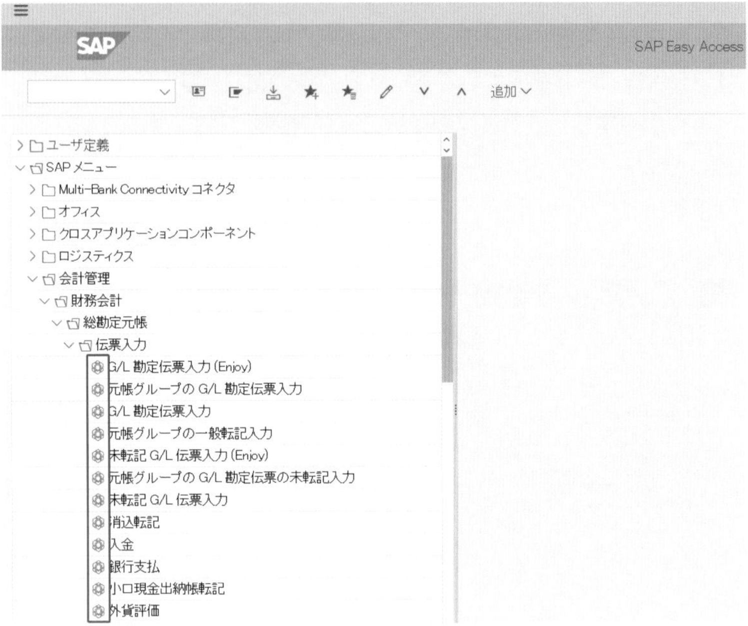

図5　トランザクションコードを表示させる方法

図6　トランザクションコードが表示される

トランザクションコードの一覧

そのほか、会計系、ロジ・マスタ系でよく使用するトランザクションコードのメニュー例を掲載しましたので参考にしてください（表1、表2）。

表1 財務会計、管理会計のメニューの例

階層1	階層2	機能	トランザクションコード
会計処理	会計伝票入力	振替伝票	FB50
		債権伝票	FB70
		債務伝票	FB60
		伝票照会	FB03
	消込・支払処理	入金消込	F-28
		支払消込	F-53
		自動支払	F110
	明細照会	総勘定元帳明細	FAGLL03
		得意先明細	FBL5N
		仕入先明細	FBL1N
	残高照会	勘定残高	FAGLB03
		債権残高	FD10N
		債務残高	FK10N
	帳表作成	仕訳帳	S_ALR_87012289
		合計残高試算表	S_ALR_87012277
		財務諸表	S_ALR_87012284
		管理領域設定	OKKS
		原価センタ：実績/計画/差異	S_ALR_87013611
		指図：実績/計画/差異	S_ALR_87012993
		利益センタ：実績/計画/差異	S_ALR_87013326
	為替評価	外貨評価	FAGL_FCV
	締め処理・残高繰越	会計期間OPEN/CLOSE	OB52
		残高繰越	FAGLGVTR

表2 販売、購買・在庫、生産、マスタのメニューの例

階層1	階層2	機能	トランザクションコード
ロジ関係処理	購買・在庫処理	在庫照会	MMBE
		購買依頼	ME51N
		発注	ME21N
		入庫	MIGO_GR
		請求書照合	MIRO
		品目締め処理	MMPV
	製造処理	製造指図登録	CO01、CO07
		指図確認	CO11N、CO15
		出庫	MIGO_GI
		仕掛計算	KKAX、KKAO
		差異計算	KKS2、KKS1
		指図決済	KO88、CO88
	販売処理	見積	VA21
		受注	VA01
		出荷	VL01N
		請求	VF01
マスタメンテナンス	BPマスタ（ビジネスパートナー）	登録、変更、照会	BP
	得意先マスタ	登録、変更、照会	BP、XD03、FD03
	仕入先マスタ	登録、変更、照会	BP、XK03、FK03
	品目マスタ	登録	MM01
		変更	MM02
		照会	MM03
	勘定科目マスタ	勘定コードレベル＋会社コードレベル	FS00
		勘定コードレベル	FSP0
		会社コードレベル	FSS0
	銀行マスタ	登録	FI01
		変更	FI02
		照会	FI03
	為替レートマスタ	入力	S_BCE_68000174

2 転記キー

● SAPは借方、貸方を転記キーで切り分けている

● 旧バージョンなどで仕訳する時、これを知っておく必要があった

SAPは借方、貸方を転記キーで切り分けている

SAPのR/3の時代、会計伝票を入力する場合は、**転記キー***を理解しておく必要がありました。会計伝票を入力するトランザクションコードとして、『F-02』*や『FB01』*が使われてきました。

代表的な転記キーは、借方が40、貸方が50という転記キーです。図1は『FB01』の例で、「会計伝票は左側に借方、右側に貸方の勘定科目を書く」という簿記の常識を覆した入力方法です。

図1 転記キー項目がある画面

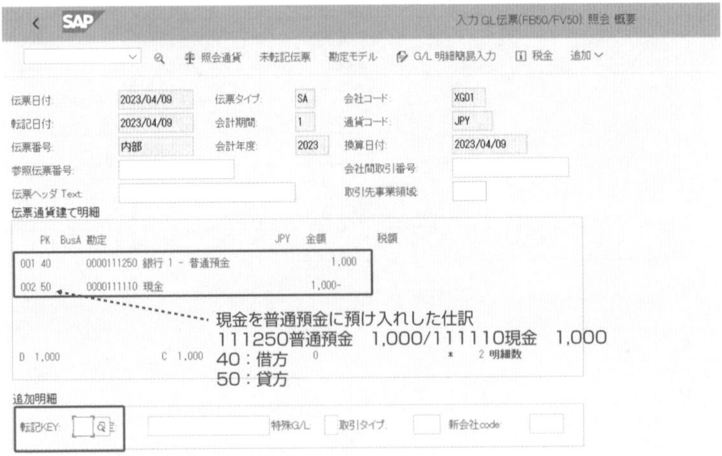

---

* **転記キー**……PK（Posting Key）と略される。借方、貸方を表す。

* 『**F-02**』……一般転記入力（最も初期のクラシック会計伝票入力）トランザクションコード。会計伝票を入力する時、転記キーを知っておく必要がある。

転記キーの一覧

　この転記キーは、貸借区分として借方、貸方を意味しているほかに、得意先コードや仕入先コードを使って伝票入力する場合や、固定資産番号、品目が関係する仕訳入力用として別に用意されています。

　現在ではあまり使う場面はないですが、内部的には、この転記キーを使っているので、名残りとして帳票などに表示される場合があります。参考までに、転記キーの一覧を掲載しておきます（表1）。ちなみに、☆が付いている転記キーはよく見受けられます。

表1 転記キーの一覧

転記キー	勘定タイプ	貸借区分	転記キー名
00			勘定割当モデル
01☆	C	D	請求書
02	C	D	Credit Memo 反対仕訳
03	C	D	経費
04	C	D	その他の債権
05	C	D	銀行支払
06	C	D	支払差額
07	C	D	他消込
08	C	D	支払消込
09	C	D	特殊仕訳 借方
0A	C	D	CH 請求伝票 借方
0B	C	D	CH 取消 Cred.Memo借方
0C	C	D	CH 消込 借方
0X	C	D	CH 消込 貸方
0Y	C	D	CH クレジットメモ貸方
0Z	C	D	CH 取消請求伝票 借方
11☆	C	C	クレジットメモ
12	C	C	請求書反対仕訳
13	C	C	反対仕訳手数料
14	C	C	その他債務
15	C	C	銀行入金
16	C	C	支払差額
17	C	C	他消込
18	C	C	支払消込
19	C	C	特殊仕訳 貸方
1A	C	C	CH 取消請求伝票 借方

＊『FB01』……伝票転記（クラシック会計伝票入力）トランザクションコード。会計伝票を入力する時、転記キーを知っておく必要がある。

1B	C	C	CHクレジットメモ借方
1C	C	C	CHクレジットメモ借方
1X	C	C	CH 消込 貸方
1Y	C	C	CH 消込 Cr.Memo 貸方
1Z	C	C	CH 請求伝票 貸方
21☆	V	D	クレジットメモ
22	V	D	請求書反対仕訳
24	V	D	その他の債権
25	V	D	銀行支払
26	V	D	支払差額
27	V	D	消込
28	V	D	支払消込
29	V	D	特殊仕訳 借方
31☆	V	C	請求書
32	V	C	Credit Memo 反対仕訳
34	V	C	その他債務
35	V	C	銀行入金
36	V	C	支払差額
37	V	C	他消込
38	V	C	支払消込
39	V	C	特殊仕訳 貸方
40☆	G	D	借方入力
50☆	G	C	貸方入力
70☆	A	D	借方資産
75☆	A	C	貸方資産
80	G	D	在庫初期入力
81	G	D	原価
83	G	D	購入価格差異
84	G	D	消費
85	G	D	在庫変化
86	G	D	入庫/請求 借方
89	M	D	入庫
90	G	C	在庫初期入力
91	G	C	原価
93	G	C	購入価格差異
94	G	C	消費
95	G	C	在庫の修正
96	G	C	入庫/請求 貸方
99	M	C	出庫

勘定タイプの種類	意味
A	資産(Assets)
C	得意先(Customers)
V	仕入先(Vendors)
M	品目(Materials)
G	総勘定元帳(G/L accounts)

貸借区分の種類	意味
D	Debit(借方側に発生)
C	Credit(貸方側に発生)

コラム　ドリルダウン機能について

　コンピュータシステムから作成した財務諸表上の売上や仕入の数字を見た時、その数字の根拠を知りたい場合があります。そのためには、売上や仕入の発生元の伝票にたどれる仕組みが必要です。ERPシステムでは、ドリルダウン機能を使って、これらを実現できるようになっています。例えば、SAPでは、勘定科目別や得意先別、仕入先別の残高照会などから、ドリルダウン機能を使って、発生元の会計伝票にたどり着くことができます。

3 特殊G/L

● 特殊G/L項目を使って総勘定元帳に転記する先の勘定科目を変更できる

● 債権を未収入金、前受金、受取手形などに変えて転記できる

● 債務を未払金、前払金、支払手形などに変えて転記できる

特殊G/Lの使い方

　SAPに、**特殊G/L**という聞きなれない項目があります。1文字の英数字で表します。あまり使われる場面はありませんが、例えば、『FB70』*や『FB60』*の画面に、この特殊G/Lという項目が存在しています。

　『FB70』では、入力された得意先に紐づく債権は、通常は売掛金に転記されます。しかし、固定資産の売却代金分は売掛金と分けて、未収入金に転記したい場合があります。この時に特殊G/Lを使って、売掛金から未収入金に勘定科目コードを変更できます。

　このケースのほか、前受金、受取手形、買掛金を未払金、前払金などに勘定科目コードを変えて会計伝票を転記することもできます。この機能は、代替統制勘定*の機能と似ています。

　図1は、『FB70』の画面です。この例では、特殊G/Lの項目で「Z」を選択入力すると、得意先に紐づいて登録している113100の売掛金を、143200の未収入金として転記できます（図2）。

　なお、この機能を利用する場合は、『SPRO』*を使って、特殊G/Lの1文字に紐付ける勘定科目コードの設定が必要になります。

＊『**FB70**』……得意先請求書入力のトランザクションコード。

＊『**FB60**』……仕入先請求書入力のトランザクションコード。

＊ **代替統制勘定**……9-4節「統制勘定」を参照。

＊『**SPRO**』……カスタマイジング（SAP カスタマイジングの導入ガイド）のトランザクションコード。

図1　特殊G/L①

図2　特殊G/L②

● 統制勘定とは補助簿と総勘定元帳を結ぶ勘定科目のこと

● 総勘定元帳に転記する前にこれを変更できる

● 変更する場合に代替統制勘定が使われる

統制勘定の役割

SAPでは、**統制勘定**と**代替統制勘定**という用語が使われます。

● 統制勘定

統制勘定とは、補助簿と総勘定元帳を結ぶ勘定科目のことです。例えば、得意先の補助簿では、債権を得意先別に管理します。仕入先の補助簿では、債務を仕入先別に管理します。この債権、債務の中には、売掛金や未収入金、前受金、買掛金や未払金、前払金などがあります。

SAPでは、得意先別の債権を総勘定元帳に転記する際の統制勘定を得意先マスタ上に１つ登録しておき、その登録されている統制勘定を使って、総勘定元帳に転記します。通常、売掛金を登録しておきます。また、仕入先マスタに買掛金を統制勘定として登録しておくと、自動仕訳時に、この統制勘定が使われ、総勘定元帳に転記します。

● 代替統制勘定

SAPでは、『FB70』から債権、『FB60』から債務を計上することができます。この時、統制勘定は、得意先マスタや仕入先マスタ上に登録されている統制勘定が初期表示されます。これを転記する前に、上書きして変更することができますが、この変更できる勘定科目のことを代替統制勘定と言います。

　なお、代替統制勘定は、あらかじめ売掛金や買掛金の勘定科目と紐づけて、
パラメータとして設定しておく必要があります。

得意先請求書入力画面の例

　『FB70』を例に見てみましょう。このケースでは、得意先CM0001に紐
づく統制勘定は、113100の「売掛金 - 国内」となっています。この「売掛金 -
国内」の代替統制勘定は、国内の子会社、関連会社などの売掛金となってい
ます。これをいずれかの代替統制勘定に上書きすると、上書きした勘定科
目の総勘定元帳に、この勘定科目コードで転記されます（図1、図2）。

図1　『FB70』の画面（基本データ）

図2 『FB70』の画面（詳細）、代替統制勘定の入力例

5 財務諸表バージョン

- 財務諸表バージョンとは
- 階層構造で、上位レベルから下位レベルへと定義していく
- 最下層で勘定科目コードの表示範囲を指定

財務諸表バージョンとは

SAPには、**財務諸表バージョン**というものがあり、『FSE2』*で作成できます。これは、貸借対照表および損益計算書の表示フォーマットをデザインする機能のことです（図1）。

図1　財務諸表バージョン①

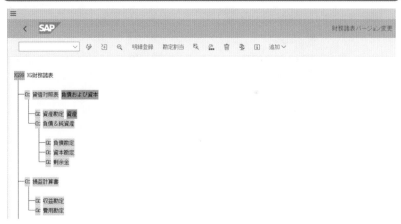

階層構造で、上位レベルから下位レベルへと定義していきます。最下層で勘定科目コードの表示範囲を指定します（図2）。

＊『FSE2』……財務諸表バージョンの階層設定トランザクションコード。

図2　財務諸表バージョン②

このXG99という財務諸表バージョンの貸借対照表の階層の全体と損益計算書の階層の全体は、このようにデザインされています（図3）。

各表示項目の名称と、その中に表示する勘定科目を勘定科目コードの範囲指定で指定して作っていきます。小計、合計の出力も設定できます。

図3　財務諸表バージョン③

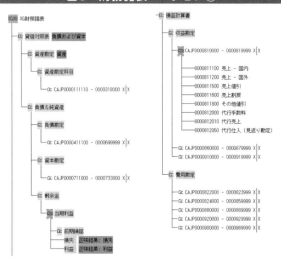

6 会計期間/特別会計期間

● 会計期間は、期首月を1として決算月までを表している

● 特別会計期間は、13〜16会計期間のことで決算整理用として使用で
きる

会計期間とは

　試算表や財務諸表の作成の時などに、作成する**レポート期間**を指定する
ことがあります。

　12月決算の会社の場合は、カレンダーの月と会計期間が同じになるので、
特に問題になりません。しかし、3月決算の会社の場合は、4月を1会計期
間として、その後、5月は2会計期間、6月は3会計期間として指定し、12
会計期間は3月ということになります。

　SAPでは、このように会社の決算月に基づいて、**会計期間**をパラメータ
で設定しています（図1）。

図1　会計期間①

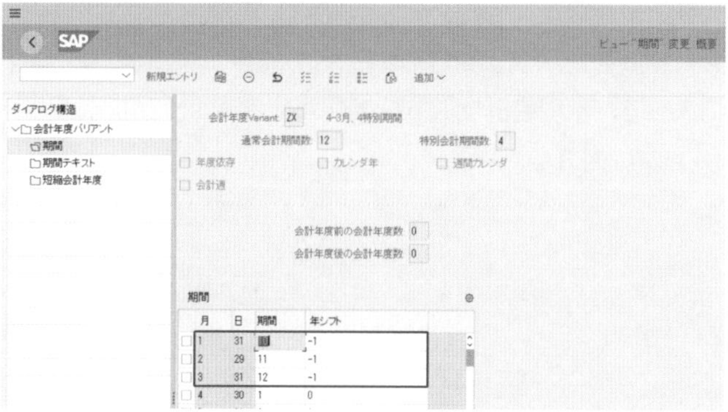

図2で会計期間を確認しておきましょう。勘定科目が現金の残高照会の例です。この左端の会計期間の1〜12は、4月から翌年の3月までの各会計期間を表しています

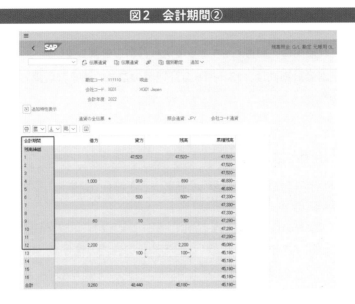

特別会計期間とは

　もう1つ、会計期間には、13〜16の**特別会計期間**が用意されています。これは決算月などで、正味の決算月の取引とは別に、決算整理固有で発生した会計伝票を管理するための会計期間です。

この会計期間を使用する場合は、例えば、『FB50』の画面の編集オプションの中に入って、特別会計期間内の転記可能をチェックすることで、使えるようになります（図3）。

9

SAPの用語を理解しておこう

図3　特別会計期間①

『FB50』の画面の例ですが、3月決算の会社の場合、転記日付に3月31日を入れると、期間欄に12が表示されますが、これを13と上書きします。その後、転記すると、入力した会計伝票の金額が勘定科目別残高画面の13会計期間に表示されます(図4)。

図4　特別会計期間②

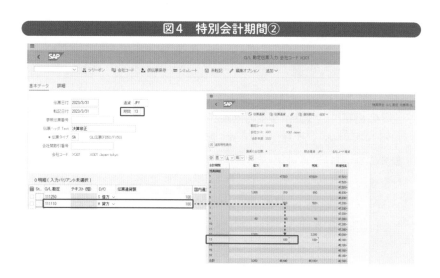

7 その他の項目説明

● その他、よく出てくる項目について

その他の項目について

その他として、よく出てくる項目についてまとめて説明します。例えば、『FB50』に赤枠のような項目が表示されている場合があります。これまでに説明した項目もありますが、改めて復習を兼ねて説明します(図1)。

図1　その他の項目

『FB50』(会計伝票入力)

G/L勘定

G/L勘定は、会計伝票上の勘定科目コードのことです。借方、貸方の勘定科目コードを、この欄に入力して使います(図1)。借方の勘定科目コードか、貸方の勘定科目コードかどうかは、貸借区分(D/C)欄で借方、貸方を選択します。

SAPでは、勘定コード表マスタに各会社で共通的に使用する勘定科目コードを、『FSP0』を使ってマスタとして登録しておきます(図2)。

図2 勘定コード表マスタの例

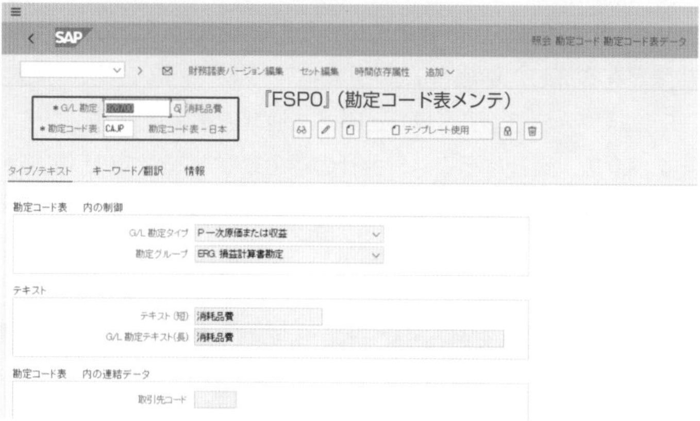

この中から、各会社の中で使用する勘定科目コードを『FSSO』を使ってコピーし、自社の勘定科目マスタとして登録して使用する仕組みになっています(図3)。

図3 勘定科目マスタの例

事業領域

　SAPの**事業領域**は、会社単位に作る財務諸表のほかに、事業領域ごとに財務諸表を作成したい場合に使用します。グローバル企業の場合は、例えば、ヨーロッパやアジア、アメリカといった地域を事業領域として使う場合もあります。また、商社などでは、会社の中の事業部を1つの事業領域として使用している場合もあります。事業領域は、『SPRO』→企業構造→定義→財務会計→定義：事業領域から登録を行うことができます（図4）。

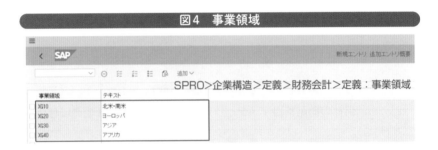
図4　事業領域

原価センタ

　原価センタは、原価を管理する最小の単位として製造費用や販管費などの管理に使われます。原価センタに紐づく原価センタグループを使って、階層ごとのコストを把握することができます。直課できないコストは、共通的な原価センタを用意して、これに関係する各原価センタに配賦することができます。部門を原価センタとして定義する会社もあれば、製造工程の1つ1つに原価センタを設定して、工程ごとの原価の把握をする場合もあります。原価センタの標準階層は、『OKEON』から確認できます。この中に原価センタが登録されています（図5）。

図5　原価センタ標準階層の例

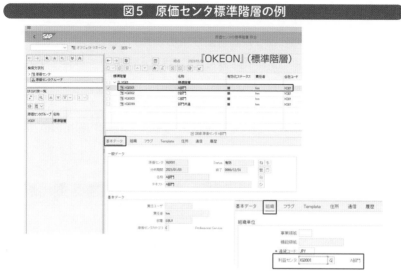

　なお、原価センタの中に紐付ける利益センタを登録しておくことで、利益センタ会計に引き継がれるデータの中に利益センタを誘導することができます。

　『FB50』の会計伝票入力画面から原価センタを入力する例も見ておきましょう(図6)。

図6　原価センタの入力例

指図

　指図は、製造時に使う製造指図や開発や建設用として使う指図、設備投資や修繕/保全用の指図、管理会計用の内部指図など様々な指図があります。指図上に集められた費用を原価センタや勘定科目などに決済することができます。会計伝票上で入力が求められる指図の例として、広告費やイベントなどのコスト把握のための内部指図があります。この内部指図は、『K004』で確認できます（図7）。

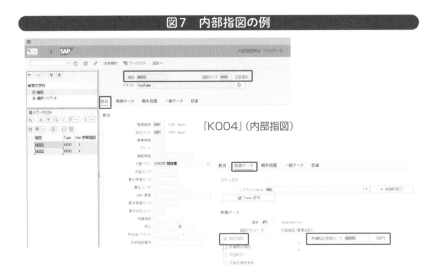

図7　内部指図の例

『K004』（内部指図）

　なお、内部指図には、統計指図という使い方があります。例えば、実績の転記先は原価センタにしておき、統計用として内部指図にも実績を転記するという使い方です。

　図8は、『S_ALR_87012993』の内部指図レポートを使って、広告費を媒体別に把握しているケースの例です。

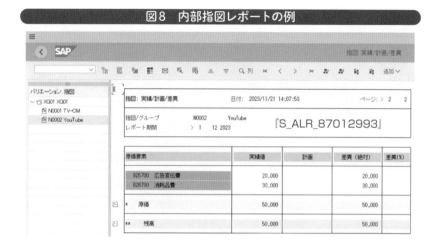

図8 内部指図レポートの例

利益センタ

　利益センタは、利益を管理する最小の単位として売上などの管理に使われます。利益センタは、原価センタと紐づけて登録しますので、費用データは、自動的に利益センタに集められ、「売上 － 費用」の計算式で利益を把握することができるようになっています。利益センタに紐づく利益センタグループを使って階層ごとの利益を把握することができます。直課できない売上などを、共通的な利益センタを用意して、これを関係する利益センタに配賦することもできます。

　一般的に、部や課、チームに対して利益センタを設定して各階層別の利益を把握し評価につなげていきます。利益センタの標準階層は、『KCH5N』から確認できます。この中に利益センタが登録されています（図9）。

　利益センタを登録する際には、分析期間のFrom Toの指定と、有効化が必要です。また、ダミーの利益センタを1つ登録しておく必要があります。

図9 利益センタ標準階層と利益センタマスタの例

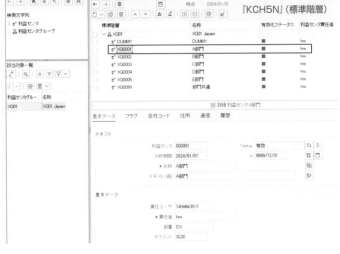

『FB50』の会計伝票入力画面から利益センタを入力する例も見ておきましょう(図10)。

図10 利益センタの入力例

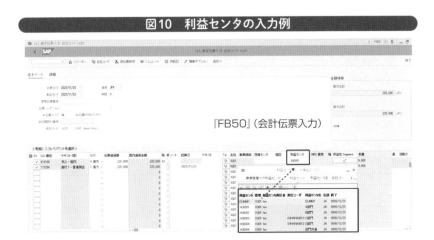

<aside>9 SAPの用語を理解しておこう</aside>

WBS要素

　WBS要素は、プロジェクト管理に関係する場合が多いです。例えば、工事や建設が伴うビジネスにおいて、プロジェクトの要員管理や進捗管理、収支管理などを行いたい場合に使用します。全体の収支を管理するほかに、フェーズ別や工程別に管理したい場合に役立ちます。WBS要素の上位にプロジェクトコードが必要になります。また、細かな管理は、WBS要素の下にネットワークを用いて管理する形になっています（図11）。

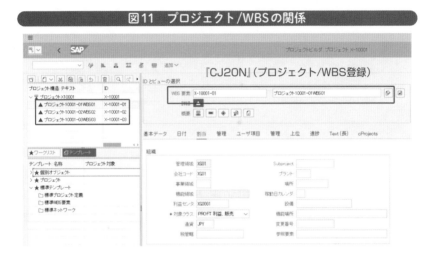

図11　プロジェクト/WBSの関係

　『FB50』からWBSを入力する例も見ておきましょう（図12）。

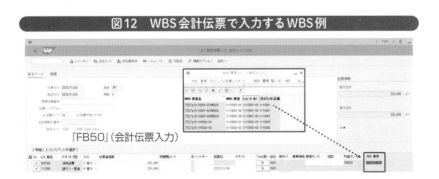

図12　WBS会計伝票で入力するWBS例

また、共通の原価センタからWBSに活動配分を行うこともできます。
『KB21N』を使った例になります（図13）。

図13　原価センタ→WBSへの活動配分の例

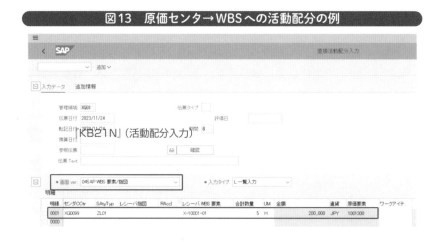

『KB21N』（活動配分入力）

収益性セグメント

　収益性セグメントは、CO-PAサブモジュールで使われるコードのことです。複数の**特性**と呼ばれる項目の組み合わせからできています。この組み合わせは、会社が独自に定義することができます。入力の負荷の低減用に各項目の値を誘導する仕組みが用意されています（図14）。

　収益性セグメントは、売上と売上原価を対象に粗利レベルの利益の把握などのために使われます。

9

S
A
P
の
用
語
を
理
解
し
て
お
こ
う

図14　収益性セグメントの中の特性の例

セグメント

　上場している会社では、会社の事業をセグメント別に区分して報告する必要があります。収益の獲得や投資結果の評価・配分につながる単位としてセグメント別の情報開示が求められます。SAPでは、これに対応する項目としてセグメントがあります。

　例えば、教育関連のビジネスを展開しているB社では、保育、学生、社会人、介護などに区分し、エンターテインメント関連のビジネスを展開しているS社では、ゲーム、音楽、映画、エンターテインメントテクノロジー＆サービス、金融などに区分して開示しています。

　セグメントの設定は、『SPRO』→「企業構造」→「定義」→「財務会計」→「定義：セグメント」から行うことができます（図15）。

図15　セグメントの例

　また、入力する場合はセグメントを直接入力できるほか、利益センタなどに登録しておき、誘導して提案させることができます。利益センタを変更する場合は『KE52』を使います（図16）。

図16　利益センタに登録しておき、誘導する例

8 SAP Notes

● **SAP社が発行する機能追加や法制度対応情報**

● **不具合などの対応にも使用**

SAP Notesについて

　SAP Notesは、SAP社が発行しているSAP標準機能の最新の情報のことです。標準機能の機能改善情報や不具合の解決方法などに関する文書が掲載されています(図1)。

図1　SAP Notesの例

3067001 - 日本 - 平成 28 年度 (2016 年度) 税制改正 − インボイス制度の導入 (適格請求書等保存方式) (2023 年 10 月 1 日)　Notesの番号

バージョン	13	タイプ	SAP Note
言語	日本語	マスタ言語	英語
優先度	推奨事項/追加情報	カテゴリ	FAQ
リリースステータス	カスタマにリリース済	リリース日付	2022/12/16
コンポーネント	FI-LOC-LRQ-JP (日本)		

Please find the original document at https://launchpad.support.sap.com/#/notes/ 3067001

現象

2023 年 10 月 1 日 (令和 5) より、適格請求書等保存方式 (いわゆるインボイス制度) が導入されます。

SAP ノート 2260573 では、日本の消費税法の改正について説明しています。複数税率の導入については、SAP ノート 2603798 および SAP ノート 2807826 が SAP ERP および S/4HANA OnPremise, S/4HANA Cloud Edition に対してそれぞれリリースされていますが、適格請求書等保存方式 (いわゆるインボイス制度) に対する SAP のソリューションアプローチについて説明する文書がありません。

法制度の改正が行われた場合や、標準プログラムを使っている際に、動作や出力結果などに疑問を感じた場合、SAP Notesが発行されていないかどうかを確認してみるとよいでしょう。

　SAP Notesには、最新のリリース情報や関連する情報などが記載されているほか、機能改善などに必要な作業手順などが書かれていますので利用するようにしましょう。

あとがき

筆者がIT業界に飛び込んだ当時は、コンピュータのことも会計のことも何もわからない状態で、いま思えば、かなり無謀だったと思います。そのような中でコンピュータのオペレータやプログラマ、システムエンジニアを経験しながら、会計の知識を増やしていきました。

特に簿記は、教科書の最初の数十ページで何回も挫折しています。しかし、数多くの現場で揉まれていく中で、次第に簿記の知識が身に付いていったように思います。

簿記は、一連の手続きを「技術」として、機械的にやり方を覚えてしまえば、難しくないことがわかります。しかし、これに会計の要素、つまり会計基準や企業会計原則、税法などが絡んでくることで難しく見えている気がします。

これらをバラバラにして、シンプルになぜそれが必要なのか、なぜそうしなければいけないのか、何を守ろうとしているのかを考えることで、その仕組みを理解できるようになります。

SAP S/4HANAには、会計のFIモジュールやCOモジュールなど、豊富な標準機能が用意されています。これらの標準機能の使い方を理解し、さらに経営者の視点で自分なりに物事を捉えることで、財務会計や管理会計、税務会計や社会保険などの知識の習得が早まるように思えます。

そして、本書を通じて、あまり会計に縁のなかった方々が会計や税金、社会保険の知識を身に付け、経営者の視点から、会社全体の仕組みをデザインできる人になっていただけたら、筆者にとって嬉しいことです。

最後になりましたが、本書を刊行するにあたり、ご協力いただいた池上裕司氏、アレグスの社員の皆さんに感謝いたします！

索 引

著者紹介

村上 均 （むらかみ ひとし）

アレグス株式会社取締役会長。1950年生まれ、岩手県立久慈高校、中央大学商学部卒。大原簿記学校非常勤講師、中小企業大学東京校非常勤講師、Udemy講師などを務める。所有資格は、SAP FI/CO認定コンサルタント、Dynamics365認定コンサルタント、中小企業診断士、公認システム監査人など。

著書

『図解入門 よくわかる最新 SAP＆Dynamics 365』(共著/秀和システム)

『図解入門 よくわかる最新 SAPの導入と運用』(共著/秀和システム)

『SAP担当者として活躍するための ERP入門』(共著/秀和システム)

監修者紹介

アレグス株式会社 （Aregus Co. ,Ltd.）

SAP ERP導入コンサルティング、ERPコンサル教育・トレーニング、Microsoft D365導入コンサルティング、RPA導入支援、GeneXus設計・開発、Salesforce設計・開発を行うIT企業。

ホームページ：https://aregus.co.jp

制作協力

池上 裕司
アレグス社員
イーワンスタイル株式会社

●カバーデザイン　1839DESIGN
●図版作成　　　株式会社 明昌堂

SAP担当者として活躍するための
FI/CO入門

発行日　2024年　7月　5日	第1版第1刷

著　者　村上　均
監修者　アレグス株式会社

発行者　斉藤　和邦
発行所　株式会社 秀和システム
　　　　〒135-0016
　　　　東京都江東区東陽2-4-2　新宮ビル2F
　　　　Tel 03-6264-3105（販売）Fax 03-6264-3094
印刷所　株式会社シナノ

©2024 Hitoshi Murakami　　　　　Printed in Japan
ISBN978-4-7980-7262-3 C3055